时装厂纸样师讲座

现代男装纸样设计原理与打板

刘凤霞　韩滨颖　编著

U0217056

中国纺织出版社

内 容 提 要

《现代男装纸样设计原理与打板》是一本理论与实践紧密结合，理论上有创新，实践上有指导性的著作。

全书共七章，从男体特征和男体比例入手，设计了实用性中国男装号型及参考尺寸，介绍了行之有效的男装松量设计方法，为成衣设计奠定了基础。提出了"中国男装原型结构设计及应用"一系列理论，并指导男装纸样设计。同时选择了具有代表性的男装纸样设计65款。书中选用的国内外最新男装款式，可供研究板型效果与纸样设计之用。为了满足企业生产和自制服装的需要，书中还详细讲解了生产纸样制作与排料裁剪技术，为培养服装行业的中、高级制板技术人才指出了一条通向表达现代中国男装理想板型的捷径，帮助其提高以不变应万变的纸样设计水平。

本书可作为服装院校及生产厂家培训制板技术人才的专业学习参考书，还可作为服装职业技能培训的教材。

图书在版编目（CIP）数据

现代男装纸样设计原理与打板／刘凤霞，韩滨颖编著．
—北京：中国纺织出版社，2014.3
时装厂纸样师讲座
ISBN 978-7-5180-0108-8

Ⅰ．①现…　Ⅱ．①刘…②韩…　Ⅲ．①男服－纸样设计
Ⅳ．① TS941.718

中国版本图书馆 CIP 数据核字（2013）第 247608 号

策划编辑：张晓芳　魏　萌　责任编辑：王　璐
责任校对：余静雯　责任设计：何　建　责任印制：储志伟

中国纺织出版社出版发行
地址：北京市朝阳区百子湾东里A407号楼　邮政编码：100124
销售电话：010—87155894　传真：010—87155801
http://www.c-textilep.com
E-mail:faxing@c-textilep.com
官方微博http://weibo.com/2119887771
三河市宏盛印务有限公司　各地新华书店经销
2014年3月第1版第1次印刷
开本：787×1092　1/16　印张：16.5
字数：279千字　定价：38.00元

凡购本书，如有缺页、倒页、脱页，由本社图书营销中心调换

前言

　　男装纸样设计是现代服装工程中一门独立的学科，也是服装工业生产中不可分割的重要组成部分，因此越来越受到本行业的重视。近年来，随着WTO的深入，大量的国外男装品牌和中外合资品牌逐渐被国人接受，而国内男装则处在落后一步的局面。究其原因，是由于我们缺乏自己特色板型理论做指导，并且无法摆脱欧美日等国外板型设计的影响。为了尽快缩短中外男装板型设计的距离，迫切需要服装工作者加强对我国男装板型设计理论的研究，以提高我国男装质量，这将直接影响本世纪男装业的发展趋势。

　　目前，国内服装行业普遍采用传统的比例裁剪法和改良基型比例裁剪法，它们具有简便直裁等优点，但由于是"以衣为本"进行纸样设计，人体处于从属地位，因此所设计的板型质量不容易达到理想的境界。同时"以人为本"的结构设计模式不利于款式结构的变化，与现代男装工业要求的国际化、系列化、标准化、规范化以及时装化、多样化、个性化的需求极不协调。而外来服装如西装等品种以其笔挺的风姿、潇洒的外观及穿着舒适等特点，在服装业独树一帜，这是因为其板型取自于"原型法"或"立裁法"。原型法是平面结构设计法与立体法相结合的方法，它比单纯的立裁法省时省力且成本较低，因此，国内外服装界对原型法更加看重，它具有广泛的发展前途。近年来，法国板、意大利板、德国板、美国板、日本板等外来板型的各种优点被不同程度地吸收融合到我国板型设计中，使我国的男装板型有了长足的进步，涌现出许多国内男装名牌产品，如培罗蒙、杉杉、温馨鸟等。更有一些较大的男装生产企业发展迅猛，提出要早日走向世界的口号，同时有些知名品牌已经步入国际舞台。分析国内男装工业现状，不乏款式设计和工艺设计人才，而板型设计质量却亟待提高。因此，在新世纪创造和开拓具有中国特色的男装原型裁剪法，建立"以人为本"的纸样设计体系，研究和开发适合中国服装工业的男装板型设计理论与技术，已成为当务之急。我国男装纸样设计学科脱胎于小手工业为主的个人作坊，较多地强调了个人技艺，如"D式"裁剪法、母型裁剪法、赵式裁剪法、梅式裁剪法等。服装界的百家争鸣、百花齐放的局面，虽然推动了我国工业纸样设计体系的发展，但也影响了群体合作意识极强的工业纸样设计观念的形成。国家的服装相关机构应早些考虑"百家争鸣、百花齐放"的统一性与协调性，组织专家、学者和有经验的制板师，立足于本国传统优秀纸样设计文化的沃土，汲取国外优秀的原型法纸样设计精华，研制出符合中国男体特征和制板习惯的男装纸样设计体系，最终形成有中国特色的实用板型设计理论和技艺，为中国男装走向世界奠定良好的科技基础。

　　近年来，广大服装工作者对建立符合我国国情和"以人为本"的男装纸样设计体系的呼声越来越高，可是已出版的男装技艺书很少，而"以人为本"实用性强的特色中国男装纸样设计书更如凤毛麟角。《现代男装纸样设计原理与打板》一书是我们多年男装设计教学、生产与科研成果的总结。运用本书的基础理论来指导男装纸样设计实践，不仅可以优化男装板型质量，还可促进男装设计领域的开发，不断创造出丰富多彩的男装新造型。

由于男装结构受历史、礼仪、生理等条件的约束，所以在板型结构的深度与精度方面应比女装更严谨。本书基于此要求而建立的"原型裁剪法"不仅简便易学，且更加实用严谨。使读者可以在学习中结合原型结构设计原理与结构变化规律，由浅入深循序渐进地领悟纸样设计之精髓，早日找到通向艺术美与技术美相结合的现代男装设计之路，提高"以人为本"和"以不变应万变"的板型设计水平。

我们现将其整理编著成书，目的在于强调现代男装原型法纸样设计的先进性、科学性、系统性和规范性，同时，努力探索我国男装纸样设计教育和自学成才的范本之路。本书在纸样设计思路及应用规律方面，主要具有以下特点：

1. 建立了男装号型规格与参考尺寸表

根据我国男性体型特点，建立了适用性强，覆盖面广的男装号型规格与参考尺寸，为设计各种大中小号型的原型和系列样板奠定了必要的数据基础。

2. 原型应用方法简便、易学、实用

男装原型分为衣身原型和一片式、两片式圆装袖原型以及下装原型（长裤原型），本书称裤子基本纸样。上装原型采用了限定松胸围（净胸围加18cm松量）的比例公式与短寸法相结合的并用式制图法而绘制，是一种符合我国制板与裁剪习惯的制板方式。在原型应用方面既可以采取"原型裁剪法"，也可以实行"原型法直裁"，这两种制板技术既统一又有区别，前种方法适合前期设计"头版"及标准纸样，后者则适合后期直裁或传播及制作系列生产样板。这两种方法既有利于初学者快速学成，也有利于有基础者应用原型与规律，举一反三，触类旁通。

3. 建立了原型裁剪法的制板实用理论体系

对男装基本结构之间的平衡、吻合、组合及主要结构点的变化规律等技术关键问题，做了较深入的分析论证，并提出许多有规律的准确可靠的技术数据。

4. 以科学实用原理作为纸样综合设计的基础

在内容复杂的男装款式结构中提炼出衣身、袖、裤三类基本型内容，并根据它们的用途、几何形态、参数值及相互组合规律，从研究相关结构组合与人体相关因素入手，找出制约纸样板型质量的关键因数，以及协调各因数的结构变化规律，来全面解释现代男装由"立体→平面→立体"的纸样板型设计本质。

5. 讲求男装纸样板型的"四面体"结构

在本书基础理论中，重点研究了男装"四面体"造型的结构设计原理及结构变化规律，从根本上改变了我国男装板型模糊、粗陋的局面。例如对原型衣与原型袖的结构造型特征、袖山与袖窿的结构吻合原理，制约服装板型的袖窿纵横比率、衣身原理上五个结构点的变化规律等关键问题都做了科学而实用的分析及论证，从而使制约男装"四面体"结构造型和男装时装化的难点问题变得容易处理。

6. 强调服装造型的艺术美与技术美的组合

将"根据服装照片或效果图进行结构分解"的内涵贯穿于服装纸样设计的全过程,其目的在于提高服装制板师的"以人为本"和艺术美与技术美紧密结合的结构设计素质。本书列举了大量不同类型的模特照片和效果图,并针对其中65个款式精心设计了相对应的参考规格和纸样结构图。为了使读者知其然而知其所以然,在第三章列举了四款典型品种,详细阐述了原型应用方法及规律。

7. 向服装CAD系统靠拢

本书各类服装纸样在图形结构、数据、公式及技法变化等方面,均向服装CAD系统靠拢,以适应现代男装纸样设计科技化的发展需要。

8. 探讨了特体男装纸样设计规律

本书研究了常见的男特殊体型纸样设计的方法及规律,为解决特殊男士买衣难问题提供了合理的纸样设计图及设计原理。

总之,本书所建立的男装原型法理论与纸样设计体系,是对"以人为本"的男装板型结构设计体系所进行的科技化探讨,是传统男装纸样设计经验走向科学和理性的结晶,它讲究板型结构的功能性与审美性之间有机的统一,规定各部位公式及数据的合理应用范围,解决了服装业长期存在的男装纸样设计的呆板性问题,为通向男装造型时装化和多样化的发展之路指出了捷径。经多年教学与生产实践证明,本书所建立的中国男装原型法纸样设计理论,在中国服装纸样设计体系中,已经显示出旺盛的生命力,对促进形成具有中国特色实用的男装纸样设计体系起到了积极的推动作用。

本书由刘凤霞任主编,第一章、第四章至第七章由长春工程学院刘凤霞编写;第二章、第三章由吉林工程技术师范学院韩滨颖编写。

本书在编著过程中,男装设计师方浩丞提供了部分效果图,设计师冯晓刚绘制服装效果图,值此书出版之际,向上述专家和朋友们表示衷心感谢。同时还要感谢国内外服装行业的专家、前辈和同行,是大家长期积累的服装纸样设计经验给我们提供了灵感与支持,使本书内容在我国服装行业及教学领域中处于领先地位。然而,由于我国男装纸样板型设计教育在服装界和教育界尚属探索阶段,加之编者认识的局限性及写作时间仓促等原因,书中难免疏漏之处,恳请服装界专家、学者、同行及广大读者提出宝贵意见,以便再版时修正。

编著者
2013年9月于长春

目录

第一章　男装纸样设计基础知识

第一节　男体特征与男体比例

一、男体特征

男体与女体比较有如下特征：

颈部：男性颈部较粗，其横截面略呈桃形；女性颈部较细长，其横截面略呈扁圆形。

肩部：男性肩宽而平，锁骨弯曲度较大；女性肩窄略向下倾斜，锁骨弯曲度较缓。

胸部：男性胸廓较长且宽阔，胸肌健壮，凹窝显著；女性胸廓较窄且短小，乳房发达呈圆锥状隆起。

背部：男性背部宽阔，肌肉丰厚；女性背部较窄，体表较圆厚，容易显露肩胛骨。

腹部：男性腹部扁平，侧腰较女性宽直；女性腹部较圆厚略宽大，侧腰较狭窄。

腰部：腰部是人体躯干的最细部位。男性脊柱曲度较小，后腰凹陷不明显，腰节较低；女性脊柱曲度较大，后腰凹陷明显，腰节较高。

胯臀部：男性骨盆高而窄，骨骼外凸较缓，其侧胯骨和后臀不及女性丰厚发达，胯部周长小于肩部周长；女性骨盆低而宽，骨骼外凸明显，体表丰满，臀肌发达脂肪多，臀部宽大丰满且向后突出，臀股沟深陷。

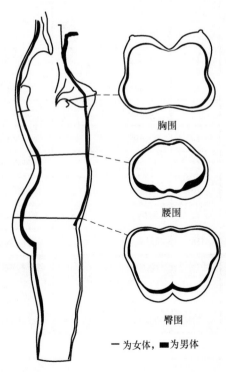

上肢部：男性上臂肌肉强健，肩峰处臂肩分界明显，肘部宽大，腕部较扁平，手较宽厚粗壮，上肢长度较女性长，垂手时中指尖可达大腿中段；女性上肢较短，垂手时中指尖到大腿中段偏上，肩峰处臂肩分界不明显，腕部和手部较窄。

下肢部：男性下肢略长，腿肌发达，膝踝关节凹凸明显，膝盖较窄且呈弧状，两足并立时，大腿内侧可见缝隙；女性下肢小腿略短，腿肌圆厚，大小腿弧度较小，两足并立时，大腿内侧不见缝隙，膝部宽大，膝、踝关节起伏不明显。

总之，男性的肩部宽而平，胸廓发达，胯部较窄，臀腰差较小，腰节低且腰宽略大于头长，前后观察上身呈倒梯形，侧面观察躯干S形不明显。男性与女性的体型差异如图1-1所示。

胸围

腰围

臀围

——为女体，■■为男体

图1-1

二、男体比例与服装比例

标准男子体型各部位的比例，是决定男装各部位尺寸的重要依据。人体的长度比例，通常以头长为计算单位。我国标准成年人的总体高平均为7～7.5头长。理想比例的人体总体高为8头长，一般只有高个或欧洲男性才能达到这个标准。下面以男体8头长为例，说明人体各部位比例关系，以及如何根据身头比例来确定不同品种服装的主要部位长度，如图1-2、图1-3、表1-1所示。

表1-1　男体各部位比例及服装部位比例参考表

序号	部　位	比　例
1	头长	总体高$\times\dfrac{1}{8}$
2	颈椎点高	总体高$\times\dfrac{7}{8}$
3	背长	头长$\times 2$，总体高$\times\dfrac{1}{4}$
4	胸围	总体高的$\dfrac{1}{2}$
5	躯干长（上体长）	头长$\times 3.5$-头长$\times\dfrac{2}{8}$
6	下体长	总体高-上体长
7	裤子总长	头长$\times 5$-2cm
8	股下长	头长$\times 3.5$+头长$\times\dfrac{1}{8}$-2cm
9	股上长	头长$\times 1.5$-头长$\times\dfrac{1}{8}$
10	肋长	头长$\times 5$-头长$\times\dfrac{1}{5}$-2cm(指裤子总长-腰头宽)
11	臂根深	总体高的6.5%，男成人一般为10.5～12.5cm
12	肩斜（落肩）	净胸围的$\dfrac{1}{20}\sim\dfrac{1}{16}$
13	袖窿深（衣）	臂根深加肩斜加松量（开深量通常选4～5cm）
14	臂根围	净胸围的35%～40%，成年男体一般为38～42 cm
15	有效袖窿深	臂根深+松量（肩端点起量）
16	全臂长	由肩端点经后肘点量至腕骨的长度（手臂朝前稍弯曲测量）
17	袖长	全臂长加垫肩厚度-腕骨下端的放缩量
18	腰围	胸围-胸围$\times\dfrac{1}{8}$，0.81$\times$净臀围±调节数
19	臀围	胸围+胸围$\times\dfrac{1}{40}$
20	胸宽	胸围$\times\dfrac{5}{12}$
21	背宽	标准体的背宽与胸宽相同
22	总肩宽	人体背宽加3～4cm左右
23	颈根围	胸围$\times\dfrac{3.5}{10}$+9～10.5cm

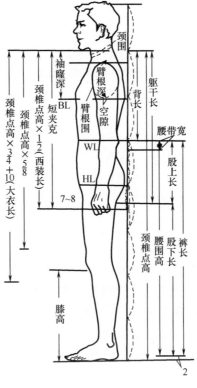

图1-2

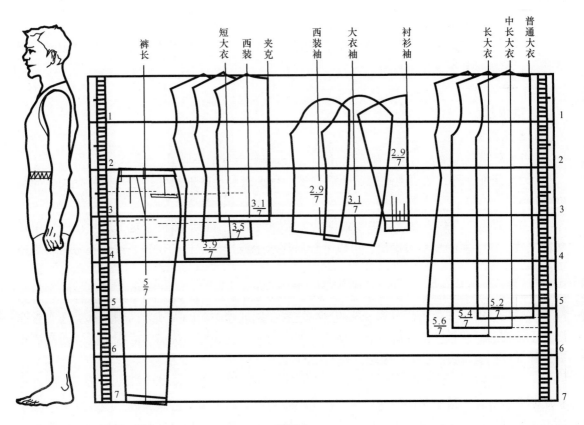

图1-3

第二节　男体测量与松量设计

"人体测量"是纸样设计之前的重要工序之一，经测量所获得的体型各部位特征及尺寸是服装成品规格及纸样设计的重要依据，因此人体测量技术不可忽视。

一、男体测量

（一）量体注意事项

量体者必须准确掌握与服装有关的测量点和测量线的位置。

要求被测者自然站立，呼吸正常，力求测量数据准确。可以左侧测量为准，并按顺序进行，以防漏测。被测者穿着贴身内衣为宜。

使用没有变形的厘米制软尺测量。测量围度时，软尺不宜拉得过松或过紧，以平贴且能转动为宜，前后保持水平。

为了测量准确，有时应在中腰处系一根腰带，以便掌握前、后腰节长或前、后衣长的差数。

必要时可参考被测者的服装尺寸，使服装规格更加准确。

测量后，应考虑被测者的职业、穿着场合、季节、个人喜好及面料厚薄、款式要求等具体情况，将测量数据做适当调整。

（二）量体方法

1.长度测量

（1）总体高（号）：被测者自然站立，由头顶垂直量至足底。

（2）颈椎点高：从第七颈椎点（简称颈后点）量至足底的尺寸，它是推算有关纵向长度的依据。

（3）背长：由颈后点量至中腰最细处（腰围线），随背形测量，这个尺寸在应用中通常取大些。由于腰围线不易确定，可以手臂肘部水平线作为背长的位置，或者参考男装规格表确定。

（4）前、后腰节长：先在腰围线上系一根细绳，使其水平。从颈肩点起经肩胛骨向下量至后腰围线的尺寸为后腰节长，从颈肩点经乳点到前腰围线的尺寸为前腰节长。在衣身原型上也称前、后身长。由颈肩点量至前、后腰围线的垂直高度，称前、后腰节高。通常成年男子标准体型的后腰节长大于前腰节长2~2.5cm。

（5）衣长：基本衣长尺寸，有前、后之分。男装前、后衣长尺寸的起点不同，前衣长是从颈肩点经乳量至所需长度；后衣长是由颈后点起向下量至所需长度，前、后基本衣长的下摆应处于同一水平线位置。该尺寸还可根据服装种类适当加以调整，例如：男西装的前衣长应略长于后衣长1.5cm左右。男上衣通常只须掌握后衣长尺寸即可，前中衣长尺寸一般大于后衣长1.5～2.5cm。另外，常穿的西服、大衣等衣长尺寸可通过颈椎点高尺寸推算，例如：男西服后衣长多以颈椎点高的$\frac{1}{2}$计算，可获得与身高相协调的衣长。

（6）腰长：亦称臀长、臀高，是腰围线至臀围线之间的垂直距离。

（7）裤长：按被测者系裤腰带位置的腰围线至外踝点之间的距离为基本裤长尺寸，可根据款式要求变化脚口位置及另加腰头宽尺寸。

（8）股上长：腰围线到臀股沟之间的垂直距离。测量时，被测者坐在硬面椅子上挺直坐姿，由腰围线到椅面的垂直距离相当于股上长尺寸。该尺寸是裤子上裆尺寸的设计依据。

（9）股下长：基本裤长减去股上长尺寸。该尺寸是裤子下裆尺寸的设计依据。

（10）袖长：从颈后点经肩端点和肘点至腕骨点为连身袖长，中式服装称"出手"；从肩端点经肘点至腕骨点（随手臂自然形态测量）为基本袖长；从肩端点至肘点为肘长。基本袖长是袖长规格的尺寸参数，可根据需要进行长短变化。

在上述长度测量中，后衣长、背长、袖长、股上长和裤长为长度的主要尺寸。另外，总体高、颈椎点高也是纸样设计中很重要的尺寸，不可忽视。

2.宽度测量

（1）总肩宽：经过后颈点测量两肩端点间的长度。

（2）背宽：两后腋点间的距离。

（3）胸宽：两前腋点间的距离。

（4）小肩宽：从颈肩点量至肩端点的距离。

3.围度测量

（1）胸围：通过胸部最丰满处水平围量一周。

（2）腰围：在中腰最细处围量一周，也可根据系腰带位置按上述方法测量。

（3）臀围：在臀部最丰满处围量一周。

（4）脚口围：可根据款式或流行确定。

（5）头围：以头部前额丘和后枕骨为测量点测量一周，是帽子尺寸和带帽服装的参数。

（6）颈根围：从锁骨上方的颈窝点起经颈肩点、后第七颈椎点围量一周的长度，是设计原型基本领口的尺寸依据。

（7）颈围：经颈部喉骨下方围量一周称颈围。颈围比颈根围小1.5～2.5cm。

（8）掌围：五指并拢，绕量手掌最宽的部位一周。该尺寸是袖口、袋口等尺寸设计的依据。

说明：以上各种长、宽、围度尺寸是净体尺寸，均不属于某种特定服装的成品规格，它们是服装纸样设计的基础数据，应根据款式需要，进行重新组合及加放必要的放量或松量才具有实际意义。

（三）成品测量方法

成品测量方法有两种：一是在成衣上测量出主要部位的尺寸。方法为将衣、裤等的纽扣系好，铺平摊开在桌面上，用软尺测量；二是在人体穿着状态下测量，采用边测量、边加放松量（或长度、宽度）的方法。"加放松量"的难度较大，应根据服装贴体程度的不同而灵活确定，平时要注意实践经验的积累。加放长、宽度的方法较简单，主要依据款式的造型要求而定。

以上衣和裤子为例，通常测量5～7个主要部位，也可根据需要增减测量部位。上衣测量部位为衣长、胸围、腰围、臀围、领围（或颈根围）、总肩宽、袖长等。裤子测量部位为裤长、腰围、臀围、上/下裆、脚口宽等。各部位的测量方法如下。

1.上衣测量顺序及方法

被测者着衣合体，保持直立站姿。

（1）后衣长：在背缝上，由后领口线垂直向下量至下摆。如所穿着上衣的衣长适当，就采用这个尺寸，反之则斟酌加减。也可以采用中国的传统测量方法，以大拇指尖或中节作为衣长标志最好的方法是量得颈椎点高，将其 $\frac{1}{2}$ 尺寸作为后衣长，相应求得与身高相协调的上衣长。该尺寸可随着流行趋势及个人喜好、款式等因素做出适当调整直至满意为止。

（2）总肩宽：测量总肩宽时，以袖子缝合线与肩线的两交点为基准而测量。所穿的袖缝合线低落或略窄时要作适当订正。男装大多要装垫肩，故总肩宽尺寸应比测量尺寸大2cm左右为宜。

（3）袖长：由肩端点量至大拇指的尖端，再减掉10cm的尺寸作为西装袖长尺寸，这一位置通常在手腕骨处。其他品类服装按需要确定。

脱掉上衣，在西服背心（马甲）上测量以下部位。

（4）胸围：在胸部最丰满处围量一周净体尺寸后，按款式造型要求加放一定的松量。

（5）腰围：在中腰最细处不松不紧地围量一周，不加放松量亦可。

（6）臀围：在臀部最丰满处围量一周并加放必要的松量。

（7）胸宽：在胸部位置测量左、右手臂根部间的尺寸，加放2cm。可作为原型和纸样的核检尺寸。当被测者身穿衬衫时，腰围线不易找到，可依据手臂肘部找腰围线的位置，亦可以裤腰带中间向上5cm处作为腰围线位置。

（8）背长：由后颈点向下随背形量至腰围线得到的尺寸。

（9）背宽：左、右手臂根之间水平距离。要注意理顺衬衫袖，找准腋点位置。可根据款式加放2cm左右。

上装测量方法如图1-4所示。

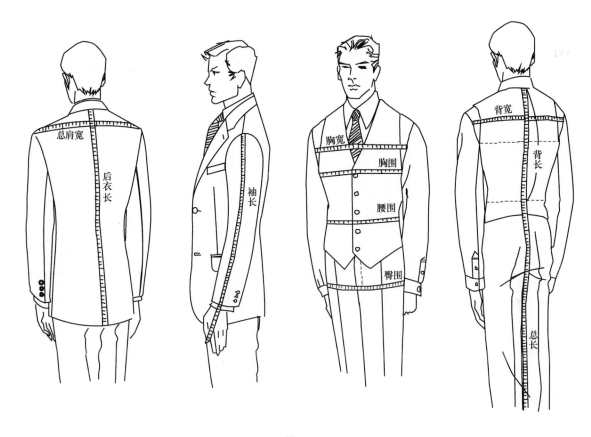

图1-4

2.裤子测量顺序及方法

（1）裤长：由腰侧髋骨突点以上4cm处向下量至距地面2cm处，也可根据需要而定。普通腰头宽尺寸为4cm，可据设计适当调整。

（2）上裆：根据款式造型要求，对股上长尺寸或增或减而成。

（3）股下长：自臀股沟量至踝骨下端（约足底上4cm处），随体形测量。

（4）腰围：在裤腰带外面水平围量一周的尺寸，如腰带厚度大，可减去1~2cm。也可以在贴体裤外面围量一周，再加放3~5cm。

（5）臀围：在衬裤外面围量一周后加放10~15cm，亦可根据造型、年龄和穿着习惯等因素适当增减放松量。

（6）脚口宽（脚口围的$\frac{1}{2}$）：直筒裤脚口宽多为23~25cm，可根据流行和款式进行增减。

下装测量方法如图1-5所示。

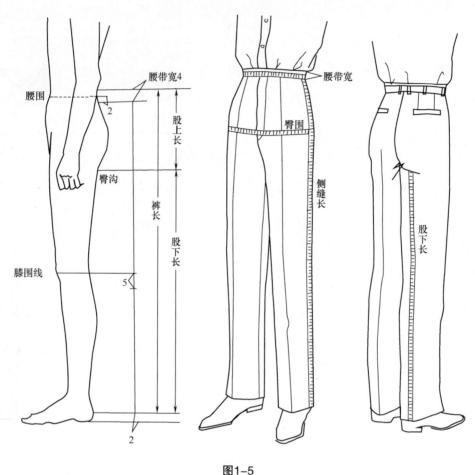

图1-5

二、松量设计

服装成品规格是由主要部位的净体值加上必要的放松量构成的。众所周知，服装的造型效果及活动机能的和谐统一，往往与服装规格密不可分，而服装规格的确定又与加放松量唇齿相依，因此，无论初学者还是经验丰富的制板师，都将"加放松量"作为"练兵法"，时时刻刻操练这一基本功。

松量的加放部位既有围度（颈、胸、腰、腹、臀、膝、脚口等围度），也有长度（手臂、肘、腰节、膝位等长度）和宽度（肩宽、胸背宽等），一般对上、下装及不同款式造型所选择的部位应有所不同。在各种款式纸样设计中，通常以服装成品规格为主要结构造型的依据，而服装中的细部尺寸既可以事先确定，也可以在纸样设计过程中根据服装整体效果确定或调整。

松量的加放值有大有小，加放依据来自服装造型效果，从宏观看，服装有紧体、半紧体、合体、半合体、半松体、松体、特松体等多种造型，而各部位松量值是达到服装造型预期目的基本决定因素。在原型裁剪法中，松量值主要包括基本松量、追加松量、总松量和空隙量四种形式，各自表达不同含义。

基本松量（亦称限定松量）是指原型中胸围仅加放18cm松量，它解决了春夏季男上装基本合体及基本运动的造型与功能相统一的问题。

追加松量是指在原型法应用中，为了设计新款式纸样，而以原型为基础，在相关部位结构点上又加放的围度尺寸。对原型的长度和宽度部位也可追加松量，但为了与围度加放有所区别，而称为追加放量或称为该部位的"追加长度或宽度尺寸"。

总松量是指围度的总体加放尺寸。净体值与总松量之和等于该部位的服装成品规格。例如：净胸围是92cm的男体，胸围的总松量是20cm，其服装成品规格胸围为112cm。

空隙量是指服装与人体的空间距离。空隙量是表述服装体积大小的要素，而服装各部位空隙量的大小又根据服装款式造型的不同而有区别。例如：合体式两片圆装袖与宽松式夹克一片袖相比，空隙量相差很大。怎样确定合理的放松量呢？放松量与空隙量有什么关系呢？现假设人体横截面为"圆"且服装与人体间的空隙处处相同，成品周长线为外圆，净体周长线为内圆，大半径与小半径之间的差数即为"空隙量"。由于成品围度 = 净体围度 + 总放松量，当净体围度为定值时，总放松量越大，成品围度也越大，则空隙量越大。从宏观上看，若表现服装的松体效果，则需多加放松量；若表现服装的紧体效果，则少加放松量或不加。从微观上看，对于不同款式的服装，一般都有较为固定的加放松量方式。下面将常见服装品种主要部位的加放量数据列于表1−2中，供使用参考。

表1−2 男装长度标准和围度加放表　　　　　　　　单位：cm

品名	长 度 标 准		围 度 加 放			
	衣长/裤长	袖长	领围	胸围	腰围	臀围
中山装	拇指中节	虎口	2~2.5	18~22		
西装	拇指中节	腕下1		14~18		12~15
夹克	虎口	腕下2	2~4	14~25		
马甲	腰节下15			8~10		
短袖衬衫	虎口	肘上8	2~2.5	14~20		
长袖衬衫	虎口	腕下2	2~2.5	14~20		
短大衣	齐中指尖	拇指中节	3~5	16~25		5~15
中大衣	膝上6	拇指中节	3~5	16~25		
长大衣	膝下10	拇指中节	3~5	16~25		
短裤	髋骨凸点上3至膝上10左右				0~2	5~15
长裤	髋骨凸点上3至距地面2				1~4	8~15
牛仔裤	髋骨凸点上1至齐脚踝				0~3	3~5

说明：表1−2所提供的各种数据与比例关系，是作者参考日本资料并结合多年工作经验而得。由于人有高矮、胖瘦、薄厚之分，各部位长度、宽度或围度相互间不可能形成准确统一的比例，因此在应用时还要结合短寸法实测人体，而设计出反映真实体型的尺寸为宜。

第三节　男装号型规格与参考尺寸

一、男装号型规格

号型是国家制定服装人体规格的标准名称，其中"号"表示人体的身高（总体高），上身的"型"指人体净胸围，下身的"型"指人体净腰围。

我国的男装国家新标准（《中华人民共和国国家标准 服装号型 男子》GB/T 1335.1—2008于1991年7月17日被批准，1992年4月1日开始实施）是根据我国男体特征，选择最有代表性的部位，经合理归并设置而成。新服装号型是设计、生产及选购服装的依据。在规格上，由四种体型分类代号表示体型的适应范围，见表1-3。

表1-3　体型分类代号及范围　　　　　　　　　　　　单位：cm

体型分类代号	Y	A	B	C
胸围与腰围差数	17~22	12~16	7~11	2~6

新号型标志具有普遍性、规范化、易记和信息量大的特点，如175/92A的规格，175号表示适用于身高173~177cm的人；92A型表示适用于胸围在90~93cm之间及胸腰差在16~12cm之内的人，由此推算该规格的腰围是在76~80cm之间。上装和下装规格以胸围和腰围的数据加以区别，如上装92A型，表明上装的胸围和胸腰差数的数值；下装80A型，说明了下装腰围和胸腰差数的数值。

二、男装号型系列

新号型系列各数值是以中间体型为中心向两边依次递增或递减，各数值代表成品规格的基础参数，即人体的净尺寸，而以此为依据加上服装款式所需要的放松量则为成品规格。

身高系列以5cm分档，共分七档，即155、160、165、170、175、180、185。胸围、腰围分别以4cm、2cm分档，组成型系列。身高与胸围、腰围搭配分别组成5·4和5·2基本号型系列。本标准推出Y、A、B、C体型系列规格。

表1-4~表1-7为5·4、5·2Y号型系列。其中，"5"表示身高每档之间的差数，"4"表示胸围分档之间的差数，"2"表示腰围分档之间的差数。

表1-4　男子 $\frac{5\cdot4}{5\cdot2}$ Y号型系列　　　　　　单位：cm

胸围＼身高	155		160		165		170		175		180		185	
76			56	58	56	58	56	58						
80	60	62	60	62	60	62	60	62	60	62				
84	64	66	64	66	64	66	64	66	64	66	64	66		
88	68	70	68	70	68	70	68	70	68	70	68	70	68	70
92			72	74	72	74	72	74	72	74	72	74	72	74
96					76	78	76	78	76	78	76	78	76	78
100							80	82	80	82	80	82	80	82

表1-5　男子 $\frac{5\cdot4}{5\cdot2}$ A号型系列　　　　　　单位：cm

胸围＼身高	155			160			165			170			175			180			185		
72				56	58	60	56	58	60												
76	60	62	64	60	62	64	60	62	64	60	62	64									
80	64	66	68	64	66	68	64	66	68	66	66	68	64	66	68						
84	68	70	72	68	70	72	68	70	72	68	70	72	68	70	72	68	70	72			
88	72	74	76	72	74	76	72	74	76	72	74	76	72	74	76	72	74	76	72	74	76
92				76	78	80	76	78	80	76	78	80	76	78	80	76	78	80	76	78	80
96				80	82	84	80	82	84	80	82	84	80	82	84	80	82	84	80	82	84
100										84	86	88	84	86	88	84	86	88	84	86	88

表1-6　男子 $\frac{5\cdot4}{5\cdot2}$ B号型系列　　　　　　单位：cm

胸围＼身高	150		155		160		165		170		175		180		185	
72	62	64	62	64	62	64										
76	66	68	66	68	66	68	66	68								
80	70	72	70	72	70	72	70	72	70	72						
84	74	76	74	76	74	76	74	76	74	76	74	76				
88			78	80	78	80	78	80	78	80	78	80	78	80		
92			82	84	82	84	82	84	82	84	82	84	82	84	82	84
96					86	88	86	88	86	88	86	88	86	88	86	88
100							90	92	90	92	90	92	90	92	90	92
104									94	96	94	96	94	96	94	96
108											98	100	98	100	98	100

表1-7　男子 $\frac{5 \cdot 4}{5 \cdot 2}$ C号型系列　　　　　单位：cm

腰围　身高　胸围	150		155		160		165		170		175		180		185	
76			70	72	70	72	70	72								
80	74	76	74	76	74	76	74	76	74	76						
84	78	80	78	80	78	80	78	80	78	80	78	80				
88	82	84	82	84	82	84	82	84	82	84	82	84	82	84		
92			86	88	86	88	86	88	86	88	86	88	86	88	86	88
96			90	92	90	92	90	92	90	92	90	92	90	92	90	92
100					94	96	94	96	94	96	94	96	94	96	94	96
104							98	100	98	100	98	100	98	100	98	100
108									102	104	102	104	102	104	102	104
112											106	108	106	108	106	108

三、男装号型系列分档数值

国家为了使男装号型具有实用性，而以上述号型系列为基础，对人体主要部位数据进行了数理统计，制订出"男装号型系列分档数据值"，以此作为样板设计师制板和推板（推档）的基本参数。表1-8中"采用数"一栏中数值是推档采用的数据。

表1-8　男子号型各系列分档数值　　　　　单位：cm

体型	Y								A							
部位	中间体		5·4系列		5·2系列		身高1)、胸围2)、腰围3)每增减1cm		中间体		5·4系列		5·2系列		身高、胸围、腰围每增减1cm	
	计算数	采用数	计算数	采用数	计算数	采用数	计算数	采用数	计算数	采用数	计算数	采用数	计算数	采用数	计算数	采用数
身高	170	170	5	5	5	5	1	1	170	170	5	5	5	5	1	1
颈椎点高	144..8	145.0	4.51	4.00			0.90	0.80	145.1	145.0	4.50	4.00			0.90	0.80
坐姿颈椎点高	66.2	66.5	1.64	2.00			0.33	0.40	66.3	66.5	1.86	2.00			0.37	0.40
全臂长	55.4	55.5	1.82	1.50			0.36	0.30	55.3	55.5	1.71	1.50			0.34	0.30
腰围高	102.6	103.0	3.35	3.00	3.35	3.00	0.67	0.60	102.3	102.5	3.11	3.00	3.11	3.00	0.62	0.60
胸围	88	88	4	4			1	1	88	88	4	4			1	1
颈围	36.3	36.4	0.89	1.00			0.22	0.25	37.0	36.8	0.98	1.00			0.25	0.25
总肩宽	43.6	44.0	1.97	1.20			0.27	0.30	43.7	43.6	1.11	1.20			0.29	0.30
腰围	69.1	70.0	4	4	2	2	1	1	74.1	74.0	4	4	2	2	1	1
臀围	87.9	90.0	2.99	3.20	1.50	1.60	0.75	0.80	90.1	90.0	2.91	3.20	1.50	1.00	0.73	0.80

续表

体型	B								C							
部位	中间体		5·4系列		5·2系列		身高1)、胸围2)、腰围3)每增减1cm		中间体		5·4系列		5·2系列		身高、胸围、腰围每增减1cm	
	计算数	采用数	计算数	采用数	计算数	采用数	计算数	采用数	计算数	采用数	计算数	采用数	计算数	采用数	计算数	采用数
身高	170	170	5	5	5	5	1	1	170	170	5	5	5	5	1	1
颈椎点高	145.4	145.5	4.54	4.00			0.90	0.80	146.1	146.0	4.57	4.00			0.91	0.80
坐姿颈椎点高	66.9	67.0	2.01	2.00			0.40	0.40	67.3	67.5	1.98	2.00			0.40	0.40
全臂长	55.3	55.5	1.72	1.50			0.34	0.30	55.4	55.5	1.84	1.50			0.37	0.30
腰围高	101.9	102.0	2.98	3.00	2.98	3.00	0.60	0.60	101.6	102.0	3.00	3.00	3.00	3.00	0.60	0.60
胸围	92	92	1	4			1	1	96	96		4			1	1
颈围	38.2	38.2	1.13	1.00			0.28	0.25	39.5	39.6	1.18	1.00			0.30	0.25
总肩宽	44.5	44.4	1.13	1.20			0.28	0.30	45.3	45.2	1.18	1.20			0.30	0.30
腰围	82.8	84.0	4	4	2	2	1	1	92.6	92.0	4	4	2	2	1	1
臀围	94.1	95.0	3.04	2.80	1.52	1.40	0.76	0.70	98.1	97.0	2.91	2.80	1.46	1.40	0.73	0.70

注　1.身高所对应的高度部位是颈椎点高、坐姿颈椎点高、全臂长、腰围高。

　　2.胸围所对应的围度部位是颈围、总肩宽。

　　3.腰围所对应的围度部位是臀围。

四、男装号型系列控制部位数值

为了使男装号型系列与相应的人体及服装对号入座，而依据上述“分档数值”制订了八个系列号型的“服装号型系列控制部位数值”，使用方法是在设计某款服装规格时，根据需要查找对应的控制部位数值，见表1-9 ~ 表1-12。

表1-9　$\frac{5 \cdot 4}{5 \cdot 2}$ Y号型系列控制部位数值　　　　　　　单位：cm

部位	Y						
	数　值						
身高	155	160	165	170	175	180	185
颈椎点高	133.0	137.0	141.0	145.0	149.0	153.0	157.0
坐姿颈椎点高	60.5	62.5	64.5	66.5	68.5	70.5	72.5
全臂长	51.0	52.5	54.0	55.5	57.0	58.5	60.0
腰围高	94.0	97.0	100.0	103.0	106.0	109.0	112.0
胸围	76	80	84	88	92	96	100
颈围	33.4	34.4	35.4	36.4	37.4	38.4	39.4
总肩宽	40.4	41.6	42.8	44.0	45.2	46.4	47.6
腰围	56　58	60　62	64　66	68　70	72　74	76　78	80　82
臀围	78.8　80.4	82.0　83.6	85.2　86.4	88.4　90.0	91.6　93.2	94.8　96.4	98.0　99.6

表1-10　$\frac{5 \cdot 4}{5 \cdot 2}$ A号型系列控制部位数值　　　　单位：cm

A																					
部位	数　值																				
身高	155			160			165			170			175			180			185		
颈椎点高	133.0			137.0			141.0			145.0			149.0			153.0			157.0		
坐姿颈椎点高	60.5			62.5			64.5			66.5			68.5			70.5			72.5		
全臂长	51.0			52.5			54.0			55.5			57.0			58.5			60.0		
腰围高	93.5			96.5			99.5			102.5			105.5			108.5			111.5		
胸围	72			76			80			84			88			92			96		100	
颈围	32.8			33.8			34.8			35.8			36.8			37.8			38.8		39.8	
总肩宽	38.8			40.0			41.2			42.4			43.6			44.8			46.0		47.2	
腰围	56	58	60	60	62	64	64	66	68	68	70	72	72	74	76	76	78	80	80	82	84	84	86	88
臀围	75.6	77.2	78.8	78.8	80.4	82.0	82.0	83.6	85.2	85.2	86.8	88.4	90.0	90.0	91.6	91.6	93.2	94.8	94.8	96.4	98.0	98.0	99.6	101.2

表1-11　$\frac{5 \cdot 4}{5 \cdot 2}$ B号型系列控制部位数值　　　　单位：cm

B																				
部位	数　值																			
身高	155		160		165		170		175		180		185							
颈椎点高	133.5		137.5		141.5		145.5		149.5		153.5		157.5							
坐姿颈椎点高	61.0		63.0		65.0		67.0		69.0		71.0		73.0							
全臂长	51.0		52.5		54.0		55.5		57.0		58.5		60.0							
腰围高	93.0		96		99.0		102.0		105.0		108.0		111.0							
胸围	72		76		80		84		88		92		100		104		108			
颈围	33.2		34.2		35.2		36.2		37.2		38.2		40.2		41.2		42.2			
总肩宽	38.4		39.6		40.8		42.0		43.2		44.4		46.8		48.0		19.2			
腰围	62	64	66	68	70	72	74	76	78	80	82	84	86	88	90	92	94	96	98	100
臀围	79.6	81.0	82.4	83.8	85.2	86.6	88.0	89.4	90.8	92.2	93.6	95.0	96.4	97.8	99.2	100.6	102.0	103.4	104.8	106.2

表1-12　$\frac{5\cdot4}{5\cdot2}$ C号型系列控制部位数值　　　　　　　　　　　　单位：cm

C																		
部位	数　值																	
身高	155		160		165		170		175		180		185					
颈椎点高	134.0		138.0		142.0		146.0		150.0		154.0		158.0					
坐姿颈椎点高	61.5		63.5		65.5		67.5		69.5		71.5		73.5					
全臂长	51.0		52.5		54.0		55.5		57.0		58.5		60.0					
腰围高	93.0		96.0		99.0		102.0		105.0		108.0		111.0					
胸围	76		80		84		88		92		96		100		108		112	
颈围	34.5		35.6		36.6		37.6		38.6		39.6		41.6		42.6		43.6	
总肩宽	39.2		40.4		41.6		42.8		44.0		45.2		47.6		48.8		50.0	
腰围	70	72	74	76	78	80	82	84	86	88	90	92	94	96	98	100	102	104	106	108
臀围	81.6	83.0	84.4	85.8	87.2	88.6	90.0	91.4	92.8	94.2	95.6	97.0	98.4	99.8	101.2	102.6	104.0	105.4	106.8	108.2

五、日本男装规格及参考尺寸（JIS 1980）

日本男装规格及参考尺寸是以JIS（日本工业规格）作为基础而制定的，它具有典型国际成衣规格标准的特点，与我国"服装号型各系列控制部位数值"相比，有许多长处可以借鉴，例如日本男装规格的参考尺寸中，背长和股上长、股下长的尺寸是上下装纸样设计参考数及选购成衣的关键数据，而我国服装标准却没有涉及，为此研究和学习日本男装规格及参考尺寸的设计方法是很有必要的。

表1-13的体型类别按胸围与腰围之差划分为七类。Y表示瘦体型，胸腰差为16cm；YA表示较瘦体型，胸腰差是14cm；A表示普通型，胸腰差是12cm；AB表示稍胖型，胸腰差为10cm；B表示胖体型，胸腰差是8cm；BE表示肥胖体型，胸腰差是4cm；E表示特胖体型，胸腰差为0。身高有八个等级，Y1表示身高为150cm（1），每升高一档增加5cm，即155cm（2）、160cm（3）、165cm（4）、170cm（5）、175cm（6）、180cm（7）、185cm（8），由此构成了亚洲型人体的全部规格（该表示法也适用于女装），再加上服装纸样设计中必要的参考尺寸，而构成男装规格和参考尺寸的一览表，见表1-13。

表1-13　日本男装规格及参考尺寸（JIS 1980）　　　　　　　　　　单位：cm

规格 \ 部位		参考尺寸								
		身高	胸围	腰围	臀围	肩宽	袖长	股上长	股下长	背长
16	84Y2	155	81	68	85	41	50	23	65	43
	86Y3	160	86	70	87	42	52	23	68	44
	88Y4	165	88	72	88	42	53	23	70	46
	90Y5	170	90	74	90	43	55	24	71	47
	92Y6	175	92	76	92	45	57	25	74	48
	94Y7	180	94	78	96	45	58	25	75	50
	96Y8	185	96	80	98	45	60	26	76	51

续表

规格	部位	参考尺寸								
		身高	胸围	腰围	臀围	肩宽	袖长	股上长	股下长	背长
14	84YA2	155	84	70	85	40	50	23	64	43
	86YA2	155	86	72	87	41	51	23	64	43
	86YA3	160	86	72	88	41	52	23	66	44
	88YA3	160	88	74	89	42	52	23	66	44
	88YA4	165	88	74	89	42	53	23	69	46
	90YA4	165	90	76	90	43	54	24	69	46
	90YA5	170	90	76	91	43	55	24	71	47
	92YA5	170	92	78	92	44	55	24	71	47
	92YA6	175	92	78	93	44	57	25	74	49
	94YA6	175	94	80	95	45	57	25	74	49
	94YA7	180	94	80	95	45	58	25	76	50
	96YA7	180	96	82	97	45	58	26	76	50
	96YA8	185	96	82	100	45	60	27	77	51
	98YA8	185	98	84	102	46	60	27	77	51
12	86A2	155	86	74	87	41	51	23	64	43
	88A2	155	88	76	88	42	52	23	64	43
	88A3	160	88	76	89	42	52	23	66	45
	90A3	160	90	78	90	42	52	23	66	45
	90A4	165	90	78	90	42	54	23	69	46
	92A4	165	92	80	92	43	54	24	69	46
	92A5	170	92	80	92	43	54	24	71	47
	94A5	170	94	82	94	44	55	24	71	47
	94A6	175	94	82	94	44	56	24	74	48
	96A6	175	96	84	97	45	56	25	74	48
	96A7	180	96	84	97	45	58	25	76	50
	98A7	180	98	86	100	46	58	26	75	50
	98A8	185	98	86	102	46	60	27	77	51
	100A8	185	100	88	104	46	61	28	76	51
10	88AB2	155	88	78	88	41	51	23	64	44
	90AB2	155	90	80	90	41	51	23	64	44
	90AB3	160	90	80	91	42	52	23	66	45
	92AB3	160	92	82	92	42	52	24	66	45
	92AB4	165	92	82	93	43	54	24	67	46
	94AB4	165	94	84	95	43	54	24	67	46
	94AB5	170	94	84	96	44	55	24	69	48
	96AB5	170	96	86	96	44	56	25	69	48
	96AB6	175	96	86	97	45	57	25	71	49
	98AB6	175	98	88	98	45	57	25	71	49
	98AB7	180	98	88	100	46	58	27	73	50
	100AB7	180	100	90	102	46	58	28	72	50
	100AB8	185	100	90	102	46	60	28	75	51
	102AB8	185	102	92	104	46	61	28	75	51

续表

部位 规格		参考尺寸								
		身高	胸围	腰围	臀围	肩宽	袖长	股上长	股下长	背长
8	90B2	155	90	82	91	41	51	23	64	44
	92B2	155	92	84	92	42	51	23	64	44
	92B3	160	92	84	93	42	52	23	66	45
	94B3	160	94	86	95	42	53	24	66	45
	94B4	165	94	86	95	42	53	24	67	47
	96B4	165	96	88	96	43	54	24	67	47
	96B5	170	96	88	97	44	57	25	69	48
	98B5	170	98	90	99	44	57	25	69	48
	98B6	175	98	90	99	45	57	25	71	49
	100B6	175	100	92	99	45	57	25	71	49
	100B7	180	100	92	99	45	58	26	74	50
	102B7	180	102	94	104	46	58	27	76	50
	102B8	185	102	94	104	46	60	27	77	51
	104B8	185	104	96	106	46	61	28	76	51
4	92BE2	155	92	88	93	41	51	24	64	44
	94BE2	155	94	90	94	42	51	24	64	44
	94BE3	160	94	90	95	42	52	25	65	46
	96BE3	160	96	92	97	43	53	25	65	46
	96BE4	165	96	92	98	43	54	26	67	47
	98BE4	165	98	94	99	44	54	26	67	47
	98BE5	170	98	94	99	44	55	27	68	48
	100BE5	170	100	96	101	44	56	27	68	49
	100BE6	175	100	96	101	44	57	28	71	49
	102BE6	175	102	98	102	44	57	28	71	49
	102BE7	180	102	98	102	44	58	29	72	50
	104BE7	180	104	100	104	46	58	29	72	50
	104BE8	185	104	100	104	46	60	30	74	51
	106BE8	185	106	102	106	46	61	30	74	51
0	94E2	155	94	94	100	43	51	27	62	44
	96E2	155	96	96	102	44	51	27	62	44
	96E3	160	96	96	102	44	54	28	64	46
	98E3	160	98	98	104	45	54	28	64	46
	98E4	165	98	98	104	45	55	29	66	47
	100E4	165	100	100	106	46	55	29	66	47
	100E5	170	100	100	106	46	56	29	68	48
	102E5	170	102	102	108	47	56	29	68	48
	102E6	175	102	102	108	47	57	29	70	49
	104E6	175	104	104	110	47	57	29	70	49
	104E7	180	104	104	110	47	58	30	72	50
	106E7	180	106	106	112	48	58	30	72	50
	106E8	185	106	106	112	48	60	32	72	51

表1-13中各规格表示了与人体相对应的具体数据，它对男装的设计、生产及选购有明确的指导作用。另外，此规格在成衣中的表示法，它们具有复合性意义，每个规格的代号分三段，首段表示胸围数据，中间字母表示胸腰差数，末段表示身高数据，如"96A7"表示胸围是96cm，胸腰差数是12cm，身高为180cm的标准体。有些成衣规格更加注重领围尺寸，例如衬衫规格，是将领围尺寸加在体型代号前面，如39A、42B等。

六、中国男装规格及参考尺寸

中国男装在原型和各种款式服装纸样的设计中，无论是单件还是批量，首先涉及规格设计的问题，它既是制板的依据，又是产品质量检验与生产管理的技术标准。因此，必须建立一套覆盖面广、科学性强、标准化高的男装号型规格与成衣规格，以满足人们穿衣及服装产品在国内外市场流通的需要。

我国的男装国家新标准基本与国际标准接轨，但还存在一些不适应的部分。如查175/92A的全部参数步骤较多，要先查规格表，根据规格表查阅分档数值表，获得推档数据再查阅控制部位数值表而获得纸样设计参数数据，这一过程应用效率较低。为了使之既符合国家标准又简明扼要，并在成衣规格的规范化、实用化、多样化、科学化、标准化、专业化等方面接近国际标准，本书对男装标准中5·4和5·2号型系列及号型控制部位数值进行了大量的分析、增删、归纳及数据统计处理，确定了Y、A、B、C四类体型的155～185cm七个档级的主要部位基本数值，构成《5·4和5·2系列中国男装规格参考表》，见表1-14。

表1-14　5·4 / 5·2 系列男装规格参考表　　　　　单位：cm

体型	总体高（号）	胸围（型）	背长	西服前衣长	颈根围	总肩宽	掌宽	全臂长	西服袖长	腰围（型）	臀围	股上长	腰围高	颈椎点高
瘦体（Y型）	160	80	40	70 / 72	37	41 / 42	23	52.5	55	60 / 62	80 / 82	25	97	137
	165	84	41	72 / 42	38	42 / 43	23	54	56.5	64 / 66	84 / 86	26	100	141
	170	88	42	74 / 76	39	42 / 44	24	55.5	58	68 / 70	88 / 90	27	103	145
	175	92	43	76 / 78	40	44 / 45	24	57	59.5	72 / 74	92 / 94	28	106	149
	180	96	44	78 / 80	39	45 / 46	25	58.5	61	76 / 78	96 / 98	29	109	153
	185	100	45	80 / 82	42	46 / 47	25	60	62.5	80 / 72	98 / 100	30	112	157
正常体（A型）	160	80	40	70 / 72	38	42 / 43	24	52.5	55	66 / 68	84 / 86	25	97	137
	165	84	41	72 / 74	39	43 / 44	24	54	56.5	70 / 72	88 / 90	26	100	141
	170	88	42	74 / 76	40	44 / 45	25	55.5	58	74 / 76	92 / 94	27	103	145
	175	92	43	76 / 78	41	45 / 46	25	57	59.5	78 / 80	96 / 98	28	106	149
	180	96	44	78 / 80	42	46 / 47	26	58.5	61	82 / 64	100 / 102	29	109	153
	185	100	45	80 / 82	43	47 / 48	26	60	62.5	86 / 68	102 / 104	30	112	157

续表

体型	总体高（号）	胸围（型）	背长	西服前衣长	颈根围	总肩宽	掌宽	全臂长	西服袖长	腰围（型）	臀围	股上长	腰围高	颈椎点高
胖体（B型）	160	84	40	70	39	41.6	25	52.5	55	76	90	26	96	137
				72		42.6				78	92			
	165	88	41	72	40	42.6	25	54	56.5	80	94	27	99	141
				74		43.6				82	96			
	170	92	42	74	41	43.6	26	55.5	58	84	98	28	102	145
				76		44.6				86	100			
	175	96	43	76	42	44.6	26	57	59.5	88	102	29	105	149
				78		45.6				102	104			
	180	100	44	78	43	45.6	27	58.5	61	92	104	30	108	153
				80		46.6				94	106			
	185	104	45	80	44	46.6	27	60	62.5	96	104	31	111	157
				82		47.6				98	106			
肥胖体（C型）	160	88	40	70	40	41.6	25.5	52.5	55	84	92	26	96	137
				72		42.6				86	94			
	165	92	41	72	41	42.6	25.5	54	56.5	88	94	27	99	141
				74		43.6				90	96			
	170	96	42	74	42	43.6	26.5	55.5	58	92	96	28	102	145
				76		44.6				94	98			
	175	100	43	76	43	44.6	26.5	57	59.5	96	98	29	105	149
				78		45.6				98	100			
	180	104	44	78	44	45.6	27.5	58.5	61	100	100	30	108	153
				80		46.6				102	102			
	185	108	45	80	45	46.6	27.5	60	62.5	104	102	31	111	157
				82		47.6				106	104			

该表的主要特点如下：

（1）各规格尺寸具有男装成衣化、综合化特点，适合所有类型的服装产品。

（2）表中规格所采用的尺寸都是基本尺寸（净体尺寸），这对各类服装标准化的统一提供了根本前提。无论是消费者选购服装还是设计师或制板师制板，都须掌握服装与人体的对应关系，服装放松量的大小可根据款式要求来设计。

（3）增设了背长、股上长两个部位及其数据，将"颈围"数据变化成"颈根围"数据（增加2cm左右），将"全臂长"的伸直手臂测量尺寸变化为稍弯曲测量尺寸（增加1.5cm左右）。

规格表中Y型（瘦体）、A型（正常体）、B型（胖体）、C型（肥胖体）的号型系列均为5·4、5·2系列。"5"表示身高（总体高）系列分档之间差数是5cm，每类体型按照身高档差分为七档，"4"表示胸围分档之间的差数是4cm，"2"表示腰围分档之间的差数是2cm。

第四节　服装术语与代号

服装纸样或服装裁片上的各点、线、面都有一定的名称、代号或符号，本节选择重点介绍如下，便于同行之间交流，促进纸样设计事业发展。

一、术语

（一）净样

净样亦称净份制图，指服装主部件和零部件样板的实际轮廓线，不包括缝份和折边。净样线条是服装结构造型线的重要依据，是缝制工艺中的缝合线或塑形后的边缘线。

（二）缝份

缝份指缝合服装裁片所需要的宽度，一般为0.8~1.5cm，多选1cm，可根据部位而确定。

（三）折边

折边亦称贴边或窝边，指服装边缘部位的翻折贴边，如上衣的下摆底边、袖口、脚口等均有自带的折边，起加固作用。也有另缲折边的，多用于曲线部位。折边量为2.5~4.5cm。

（四）毛样

毛样亦称毛份制图，样板中包括缝份和折边。在净样板轮廓线外，另加放缝份与折边，沿外轮廓线裁剪即为毛样。

（五）画顺

直线与弧线或弧线与弧线的连接处应绘制圆顺美观，称画顺。

（六）劈势

劈势指轮廓线向着直线偏进的距离大小，如上装门、里襟上端的偏进量，亦称劈门或撇胸。

（七）翘势

轮廓线沿着水平线翘上（抬高）的距离，如上装底边线、袖口线和裤后腰口线等均有翘势。

（八）凹势

为了便于准确地画顺袖窿、袖窿门和袖山底部等弧线而注明的尺寸。

（九）困势

轮廓线与直线偏出的距离，如后裤片臀围侧缝处比前裤片倾斜下移的程度。

（十）门襟、里襟

衣片或裤片重叠的部分，上片锁扣眼为门襟、下片钉扣为里襟。

（十一）搭门

搭门也称叠门，是上装、裙装门襟、里襟相重叠的部位，不同款式的搭门宽度不同。例如：单排扣的搭门为2cm左右，双排扣的搭门为9cm左右。

（十二）止口

止口指门襟、里襟或领、袋等边缘部位。

（十三）门襟止口

门襟止口指门襟的边缘处，有另加挂面和连止口（门襟挂面与衣片相连）两种形式。

（十四）挂面

通常上装搭门的反面有一层比搭门宽的贴边，俗称挂面；驳领款式的驳头挂面在正面。

（十五）过肩

过肩指上装肩部横向拼接的部分，有双层和单层之分。

（十六）驳头

衣身上随领子一起翻出的挂面上段部位。

（十七）驳口线

驳头翻折线。

（十八）串口

领面与驳头面的缝合线，即直开领口斜线。

（十九）侧缝

上装侧缝也称摆缝，通常位于人体的侧体中间或背宽线处，是形成四开身或三开身结构的因素。下装侧缝一般位于大腿侧体中间。

（二十）背缝

背缝也称背中缝，为了满足后背侧体曲线或款式造型的需要，在后衣片中间设置结构线。

（二十一）肩缝

前、后衣片肩部的缝合线，一般位于肩膀中间，也可前后少量移动，即互借。

（二十二）袖缝

大、小袖片的缝合线，分前、后袖缝。

（二十三）省道

省道也称省或省缝，为适合款式造型的需要，将一部分衣料缝进去，正面只见一条缝合线。例如：西服的腰省、裤子的腰省等。

（二十四）褶裥

褶裥也称折裥或裥，根据体型或造型的需要，将部分衣料折叠熨烫，一般采用缝住一端，另一端散开的形式，有T形褶裥和平行褶裥等。

（二十五）袖头

袖头亦称袖克夫，是缝接在袖口处的双层镶边，多为长方形。

（二十六）腰头

腰头是缝接在裤子腰围或夹克腰围、下摆围处的双层部件。

（二十七）分割缝

为了符合体型或满足款式造型的需要，在衣片、袖片或裤片等裁片上剪开，形成新的结构缝或装饰缝，称分割缝。一般按方向和形状命名，如横断缝、刀背缝等，在断缝时，可将肩背省或胸省转移至缝中。

（二十八）衩

为穿脱方便或装饰需要而设置的开口形式。一般根据部位命名，如背开缝下部称背衩，袖口部位称袖衩，侧缝下部称侧缝衩。

（二十九）贴边

贴边指另加的折边，例如背心（马甲）的袖窿或无领上装的领口等部位，为了使边缘牢固美观，而按其形状裁配的折边，一般净宽3~4.5cm。贴边的纱向应与裁片相同。

（三十）丝缕

织物的纱向，分横、直、斜丝缕，斜丝又分正斜（45°）和各种角度的斜丝。直丝布料挺拔不易变形，横丝布料略有弹性，斜丝布料弹性足、悬垂性好。正确地使用纱向是纸样设计的任务之一。与经纱平行的方向叫直丝缕；与纬纱平行的方向叫横丝缕；与直丝横丝都不平行则称斜丝缕。

（三十一）对位记号

在工业纸样设计中，用小方缺口表示两片之间的连接对位关系。

（三十二）高和长

高和长指人体高矮和衣裤等部位的长短，例如：衣长、裤长、袖长及腰节高、腰节长、袖山高（或深）等。

（三十三）围或肥（大）

围或肥（大）是指人体各部位横度一周的总称。在服装上分别称为领围或领大、胸围或胸围大、腰围或腰围大、臀围或臀围大下摆围或下摆大、袖口宽、袖根肥等（围、肥、大是同义词）。

（三十四）宽

宽是指各部位的宽度。在服装上分别称为胸宽、背宽、总肩宽、小肩宽、搭门宽、袋盖宽等。

（三十五）装或绱

装和绱都是两片缝合的意思，是同义词，一般指将领子装到领口上，将袖山装到袖窿上等，称为装领、装袖或装袖头、装腰头等，为确保造型质量，在两片的对位处都有吻合记号（打线丁或小刀口等）。

（三十六）里外匀（窝势、窝服）

大多裁片角端须做出窝势，既美观又符合人体形态，因此，面、里纸样或裁片有大小之分，例如袋盖里比袋盖面四周小0.3cm左右，领里与领面、挂面与衣片等亦是如此。

（三十七）脱板

对实际尺寸的结构图所分解的各片，按照由大到小、由主到辅的顺序，用压线器逐片压印在样板纸上。再经过放缝份、标注文字、剪切等工序，将结构图转化为服装样板，这个过程即为"脱板"。

二、服装部位代号（表1-15）

表1-15　服装部位代号表

部位	代号	部位	代号	部位	代号
净胸围	B°	肘线	EL	总肩宽	S
胸围	B	膝围线	KL	颈前点	FNP
腰围	W	袖窿总弧长	AH	颈后点	BNP
臀围	H	前、后袖窿弧长	前AH、后AH	颈肩点	SNP
领围（颈根围）	N	衣长	D	肘点	EP
胸围线	BL	裤长	L	肩端点	SP
腰围线	WL	背长	BAL	胸宽	FW
中臀围线	MHL	袖长	SL	背宽	BW

三、制图符号（表1-16）

表1-16　服装制图符号表

序号	名称	符号	主要用途
1	制成线	———————	净份或毛份纸样的轮廓线
2	辅助线（基础线）	———————	纸样的基础线
3	对折线	— — - — —	对称连折线
4	明　线	= = = = =	缉明线，有宽窄和数量之分
5	挂面线	— — · — —	挂面线（亦称贴边线）
6	等分线	‿‿ ‿ ‿	某线段若干等分
7	距离线	⊢⊣	某部位起始点间距
8	毛样线	///// /////	黏合衬的裁边线
9	省道线	◇ ∿	三角形部分需要缝合或折掉，省尖指向人体凸点，省口为人体凹处
10	活褶（或褶裥）		某部位需折叠，斜线上端向下端折叠
11	缩褶（或细褶）	＜＜＜＜＜＜ ～～～	某部位需用手缝或机缝的方法收缩
12	等　量	∅ ○ □ · · · · ·	两线段等长
13	直　角	∟	直线与弧线或弧线的切线交角为90°
14	布纹方向	←——→	布料的经纱方向
15	倒　顺	←——	箭头方向为顺毛或图案的正立方向
16	重　叠	✕	纸样重叠裁剪
17	拔开（或拔烫）	＞＞＞	某部位需熨烫拔开，根据拔烫程度可画2~3条折线
18	归　拢	⌣⌣⌣	某部位需熨烫归缩。张口方向为收缩方向，3条圆弧表示强归，2条圆弧表示弱归
19	直刀口	⊓	工业纸样常用的对位符号。用于袖山与袖窿、领子和领口、前/后腰节等对应部位
20	拼接（整形）	◎——◎	纸样拼接；肩线、侧缝线等处常以前、后身拼接纸样的方式变化为整片结构，要标出整形符号

序号	名称	符号	主要用途
21	三角刀口、直角刀口		三角刀口常用于单件裁剪的纸样或裁片的对位符号；直角刀口一般用于工业裁剪，也可用于普通纸样
22	扣眼位	⊢⊣	服装上扣眼的位置
23	纽扣位	⊕	服装上钉纽扣的位置

第五节　制图及裁剪工具

为了绘制出质量合格的结构图样板和纸样，应该准备必要的工具。

一、工作台

台面应平整，规格以长1.4～2m，宽0.8～21m，高0.85m左右为宜，至少能够容纳一张整开的厚白纸，规格也可更大些，便于制板和裁剪两用。

二、人体模型（人台）

男装中号90、92、94型或号型更齐全些的立体裁剪用人台，以备试样修板或立体裁剪。

三、尺

制图和制板用的尺主要有软尺、直尺、比例尺、三角尺、曲线板等。软尺的长度多为150cm，用于量体和测量纸样中的袖窿、袖山、领口等部位的曲线长度。直尺用于结构图和纸样中的长度、高度等直线的绘制。曲线板用于绘制有弧线的部位。在绘制弧线中，最好不要过分依赖曲线板，在充分理解各部位曲线功能的基础上，应加强运用直尺绘制曲线或熟练控制曲线板的造型能力。三角尺是用来绘制直线和直角的。三角尺上最好带量角器，用来测量角度。另外，还有直尺式三棱比例尺，主要用于绘制各种比例的缩图，常用1：6、1：5、1：4、1：3、1：2比例。

四、剪刀

剪刀应选择专用剪刀，常用的有24cm（9″、9号）、28cm（11″、11号）和30cm（12″、12号）等几种规格。剪纸和剪布的剪子要分开使用。剪硬纸板时应用旧剪子。

五、纸

绘制缩图和制板多采用厚度和强度较好的白纸，1：1比例的纸样亦可选择韧性好的牛皮纸或白纸。

六、铅笔 蜡笔 划粉

铅笔用于制图和制板，通常使用专用绘图铅笔，常用规格为4H、3H、2H、H、HB、B和2B。H型为硬型，B为软型，HB为软硬型适中，使用最多。号越大则软硬程度越大，应根据用途选择。一般绘制缩图多选择2H型画基础线，HB型画轮廓线。制板则选择H型和HB型或B型。

蜡笔有多种颜色，用来复制特殊标记，如将纸样上的省位、袋位等复制到布料裁片上，可选择与布料颜色不同的蜡笔透过孔洞复制。

划粉是排料时描纸样或直接制图画线的粉片，有深浅不同的颜色，质地差异也较大。质地好的粉片画线细而清晰，不污染布料。有的遇热（熨烫）之后自动消除线迹。可根据布料选择相适应的颜色与质地。

七、橡皮

选择质量好的绘图橡皮，用来擦掉错误和不需要的线条。

八、锥子

用于图纸中省位、褶位、袋位等部位的定位，也可用于复制纸样。

九、描线器或压线器

通过齿轮在纸样轮廓线迹上滚动，达到复制样板或脱板的目的。

十、打孔器

在样板的下端打圆孔，便于穿绳带和分类管理。

十一、圆规

用于纸样或缩图中较精确部位的绘制。

十二、大头针

立体裁剪时用于固定面料，便于立体造型。

十三、纤维带

带宽0.8cm左右，用于纸样分类管理。

十四、透明胶条和双面胶

用于纸样的拼接、改错等粘贴用。

十五、印章

用来在样板上打印编号、品名及号型等。

十六、铁压块

脱板时压在纸样上的重物。

第二章 中国男装原型结构设计与原理

目前，国内男装行业普遍采用传统式比例裁剪法和改良式基型裁剪法。这两种方法都具有简便直裁等优点，但适用范围较窄且缺乏款式结构变化的灵活性，与现代服装工业要求的国际化、系列化、标准化、规范化以及时装化、多样化、个性化的需求极不协调，其根本原因在于国内的比例裁剪法是"以衣为本"认识服装结构。近年来，虽然"以人为本"的日本文化式男装原型裁剪法在我国服装界逐渐占有重要位置，但中日两国人民的体型特征、穿着习惯和制板方式毕竟有所区别，况且日本原型法也有不尽如人意之处，制板人员只是仿做，最终难以实现理想的服装造型效果。因此，开拓具有中国特色的男装原型裁剪法，建立"以人为本"的结构设计体系势在必行。

我们在长期的服装结构（纸样）设计教学与科研生产中，始终坚持"以人为本"的结构设计思想，借鉴日本男装文化式原型裁剪法，吸收中外服装结构设计之精华，并结合中国人的思维方式和制板裁剪习惯，建立了中国式男装原型裁剪法理论与应用的结构设计体系。经过多年结构设计教学、科研及生产实践的检验，该结构设计体系已获得理想的板型效果。

第一节 中国男装原型结构设计与原理

一、体型测量部位与参考规格

根据我国测体习惯和本书原型结构设计方式，同时考虑与国际男装结构设计接轨，而设立如下测量部位，还要计算出松胸围数据。

①总体高（号），②颈椎点高，③净胸围（$B°$，型），④颈根围，⑤背长，⑥全臂长，⑦总肩宽，⑧胸宽，⑨背宽，⑩前/后腰节长，松胸围（净胸围尺寸加18cm的限定松量）。

上述测量部位中的净胸围、颈根围、背长、全臂长、总肩宽的规格是男上装原型结构的制图依据；胸宽、背宽、前/后腰节长的规格是原型制图的核检依据。

表2-1是我国成年男子标准体中号尺寸。制图使用符号：净胸围$B°$，松胸围B，颈根围N，总肩宽S，全臂长或基本袖长SL；胸围线（亦称袖窿深线）BL，前袖窿弧长前AH，后袖窿弧长后AH，肩端点SP，颈肩点SNP，颈前点（领前口中点）FNP，颈后点（领后口中点）BNP。

表2-1　男上装原型结构制图参考规格　　　　　　　　　　　　　单位：cm

号/型	背长	总肩宽（S）	胸围（B）	颈根围（N）	全臂长	西装袖长（SL）
175/92A	43	45	净胸围92+18=110	41	57	59.5

二、男上装原型结构制图

男上装原型分为衣身原型和袖原型。

（一）衣身原型结构制图

男装原型制图时只画左半身，符合人体左右对称及国际通用的左身为大襟的结构要求，如图2-1所示。

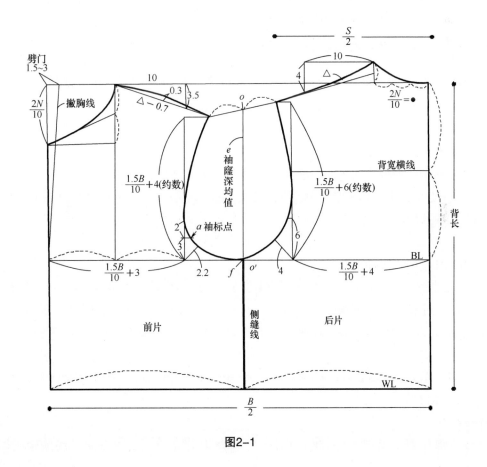

图2-1

1.基础线

（1）长方形：长为$\frac{B}{2}$=55cm，宽为背长=43cm，其中长方形上下两条横线分别为上平线和腰围线，左右两条竖线分别为前中心线和后中心线。

（2）前、后身分界线（侧缝线）及背宽线、胸围线：按图示公式数据或比例要求绘制。

（3）后领口宽：后领口宽$=\dfrac{2N}{10}=8.2$cm。

（4）后领口深：后领口宽的$\dfrac{1}{3}$或定数2.5～2.7 cm，由上平线升高该尺寸为后领口深。

（5）后肩斜线（小肩缝线）：采用两条直角边之比的方法确定肩斜度，以10∶4绘制肩斜线，角度为21°54′。由$\dfrac{S}{2}=22.5$cm确定后肩端点，连接颈肩点和肩端点，将连线调整略有凹势，即为后肩斜线。

（6）前领口宽：由$\dfrac{胸宽}{2}$定前领口宽点，包括撇胸（劈门大）。

（7）前领口深：前领口深$=\dfrac{2N}{10}=8.2$cm。

（8）前肩斜线（小肩缝线）：采取两条直角边之比的方法确定肩斜度，以10∶3.5确定肩斜线，角度为19°18′。前肩斜线长=后肩斜线长–0.7cm，前肩斜线有0.3cm凸势。

（9）袖窿深线（亦称胸围线，BL）：直线连接前、后肩端点并取中点o，做oo'（e）$=\dfrac{1.5B}{10}+5$cm的竖直线段，过o'点作腰围线的水平线，该线为袖窿深线，也称胸围线。经测量可知，前袖窿深$=\dfrac{1.5B}{10}+4$cm，后袖窿深线$=\dfrac{1.5B}{10}+6$cm，后袖窿深比前袖窿深大2cm。公式中"e"表示前、后袖窿深平均值，简称窿深均值，调节数可在5～5.5cm之间选择。

2.轮廓线和前袖标点

按图示比例、数据、凹势绘制前/后领口弧线、袖窿弧线。绘制撇胸线、背宽横线。确定前袖标点（a点）：由BL线和胸宽纵线的交点上升3cm定数，画水平短线3～3.5cm，其端点即袖窿弧线的前袖标点（a点）。

（二）两片袖原型结构制图

制图之前须测量袖子或全臂长（SL）的尺寸，然后测量原型前、后袖窿弧总长（AH值），再测量前后袖窿深均值oo'，可用"e"表示；还须掌握袖窿弧线上有关直线段的数值，然后依据这些数值确定袖子的袖山高尺寸，袖山弧线及主要结构点与线的位置。

下面以号型为175/92A的衣身原型为基础，并按照袖长59.5cm，袖口宽15cm绘制两片袖原型（图2–2、图2–3）。

1.基础线

（1）袖山高：先画十字线（BL线与袖标准线）交于g点并向上量取"袖山高$=oo''$（e）-3.5cm"，画上平线。

（2）袖口横线：由上平线向下量取"袖长–1.5cm"画袖口横线，并在约后袖缝位置向下2.5~3cm处画短横线，预备画前、后袖缝止点和袖口宽。

（3）袖肘线：从袖上平线向下量取$\dfrac{袖长}{2}+3$cm画袖肘线EL。

（4）后袖山线辅助线：从袖上平线向下量取$\dfrac{袖山高}{3}$画后袖山线辅助线。

（5）前袖山线辅助线：由BL线向上量取3cm（定数）画前袖山线辅助线。

（6）袖标点a'：前袖山线辅助线与袖标准线的交点即为袖标点，装袖时此点与袖窿袖标点（对位点）a点吻合。

（7）袖山顶点c''：是装袖时袖与衣身肩缝c（c'）的对位点（图2-3），由袖窿弧长$ac+1cm$左右确定袖顶点，由a'点起量将该线段落在上平线的交点即为c''点。该点可根据袖山吃势量略前后移动。

（8）后袖山点d'：是装袖时对准衣身袖窿d点的对位点，由袖窿弧长$c'd$+（0.8~1）cm确定，由袖顶点c''起量将该线段落在后袖山线辅助线上，交点即为d'点。d'点亦可用斜线$a'd'=\dfrac{AH}{2}-$（1~3）cm的计算公式确定。

（9）前偏袖直线：由前偏袖宽2cm确定。

2.轮廓线

（1）前袖缝：以袖标准线为界，在袖窿深线（BL）、袖肘线、袖口横线处分别偏出2cm、0.8cm、2cm，三点连线即为前袖缝。

（2）袖口宽：在袖口横线上由袖标准线起量取袖口宽15cm落至袖口横线下方的3cm短线上。

（3）后袖缝：先画后袖缝基础直线，然后在BL处向外放出2cm，在EL处向外放出2.5cm，曲线连接各点，画顺，即为后袖缝。

（4）袖山曲线：按图示尺寸与比例画顺前后袖山弧线。标出袖标点a'，连接a'点与偏袖点f（由袖山深线升高0.7cm），中间略凹画弧线。

（5）小袖前袖缝：与大袖前袖缝相距4cm，画平行曲线。

（6）小袖后袖缝：由大袖d'点收进2.5cm，BL线处收进2cm，由EL线处收进1.25cm，按图2-2画顺小袖后袖缝。

（7）小袖底弧线：袖$a'e'$与袖窿ae尺寸相同，或者e'略后移0.6cm左右。弧$\overset{\frown}{a'e'}$与弧$\overset{\frown}{ae}$吻合，或前端吻合，后端接近吻合。弧$\overset{\frown}{e'd''}$比弧$\overset{\frown}{ed}$大1.3cm左右的吃势。

两片袖原型制图方法有两种：一是根据袖窿深均值oo'（e）和相关袖窿弦长的数值进行独立制图；二是在衣身袖窿的基础上制图。不论哪种方法都体现了袖山与袖窿的结构具有工艺性的吻合。两片袖制图方法如图2-2和图2-3所示。

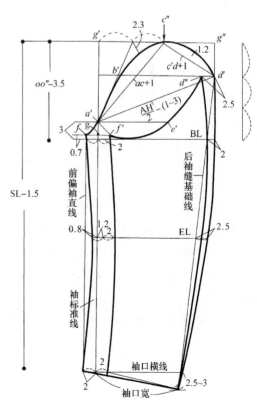

图2-2

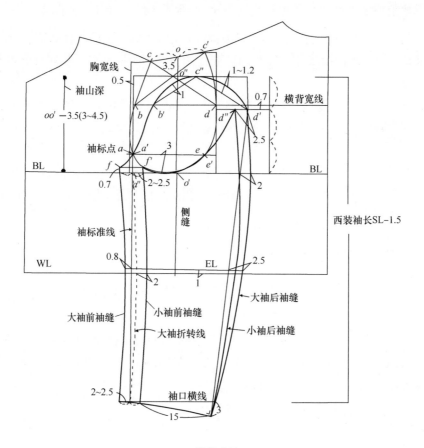

图2-3

（三）一片袖原型结构制图

一片袖原型的袖山较低，活动量较大，主要应用于衬衫、夹克、运动装、便装等宽松款式服装。一片袖结构简单，可依据衣身结构造型的需要灵活变化袖山高、袖肥、袖山曲度及袖筒形状、袖子片数，以满足多种袖型纸样设计的需要。

一片袖原型的基本结构如图2-4所示。

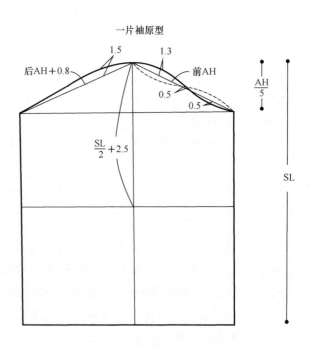

图2-4

三、中国男上装原型的结构设计说明

（一）采用"比例法"与"短寸法"相结合的制图法

根据我国的制板习惯，我国男上装原型以西装结构为基础采用"限定松胸围比例公式，净背长，净总肩宽，颈根围的比例公式"的并用式制图方法，它可使各种大、中、小号规格的原型结构相对稳定。由于对体型的特殊部位采取了短寸法制图，可免除（或减少）原型修正的麻烦。在原型使用方面既可以采用"原型裁剪法"，也可以运用原型基础结构进行服装直裁技术，使服装板型设计更加灵活与科学。

（二）取背长为原型的纵向长度标准

从人体体型特征和款式结构两方面的变化来看，后身结构相对稳定，因此，选择人体背长作为原型的纵向长度标准。这样有利于形成"以原型后衣片为参照系"的结构设计模式，建立一套与国际接轨的标准化的服装制板技术理论。

本书原型及第一章规格表中的背长尺寸是理想化数值，它位于人体中腰细部以上约5cm处。

（三）以左半身制图的方法

中国男装原型法在制图方位上，打破了我国服装行业男装采用右半身制图的传统习惯。这样更符合国际男装成衣以左襟搭右襟的标准。

（四）适应范围广泛的结构设计

本书提供了一个衣身原型，并将胸围松量限定为18cm，属于半宽松造型，西装、便装等常用服装可直接套用原型结构。当服装胸围松量小于或大于18cm时，在原型基础上适当地放缩，便可变化成所需要的新纸样结构。该原型不仅结构严谨，适应范围也很广泛，既适合正统合体的服装纸样设计，也适合松体的各式便装纸样设计。本书提供两个衣袖原型，其中两片袖原型结构复杂，适用于西装、制服、大衣等合体、半松体的圆装袖服装。一片袖原型结构简单，变化灵活，适用于衬衫、夹克、便装等半松体服装。进行袖纸样设计时通常采用"直裁法"，即以衣身袖窿结构为依据，应用袖原型结构及袖山与袖窿结构吻合原理，进行新款式的袖纸样设计，并确保袖山与袖窿在结构吻合及立体造型上获得最佳效果。

四、男原型衣与袖的结构造型标准

在原型应用之前，为了检验其结构造型是否准确，通常用白坯布制作原型衣试穿，如有不符合标准之处需修改方可使用。

（一）原型衣

原型衣上的前/后腰中点、前/后领口中点、颈肩点、肩端点、袖窿深点，分别对应于人体的前/后腰中点、第七颈椎点和前颈窝点、颈肩点、肩端点、腋窝横褶向下4.5～5cm处。

原型前、后腰围线呈水平线，前、后胸围线近似水平状。腰围线位于中腰最细部位以上约5cm处。

领围线曲线圆顺，围绕颈根部，比颈根围略大0.4cm左右，前端呈斜直线，平服贴体，表示基本领口。

胸围处有3cm的平均空隙量，胸、背宽略有松量，比例协调。

袖窿弧线略呈纵向椭圆形，围绕上臂根部，松紧适宜；袖窿深线位于后腋窝横褶处向下4.5～5cm处，是合体与半松体服装胸围线的最佳位置。

原型肩斜线位于人体肩斜中间略偏后，肩端点位于人体肩端点或外移0.5cm左右，肩线顺直平服，略向前凸，肩部与人体有空隙0.7cm左右，不压肩。

（二）原型袖

原型袖在上臂围处（水平方向）有7.5cm左右的放松量，即一周的平均空隙量为1.2cm左右，即人体的净臂围与成衣臂围的空隙量。

袖山深线与袖窿深线的位置相对应，在人体腋窝横褶下方4.5～5cm处定位。

袖山吃势均匀，袖子前后位置正确，无皱褶。两片袖吃势为4cm左右，一片袖吃势可在0.5～2.5cm之间，根据面料塑形性能与造型要求确定。

两片袖原型的袖筒造型分两段设计，以袖肘线（EL）为界，上段约为直立式，下段则与人体臂部的前摆曲度相符合。一片袖原型的袖筒呈直筒形，可随款式造型要求设计袖筒形状和片数。

五、男上装原型的结构设计原理

（一）衣身原型的结构设计原理

1.部位比例分析

（1）胸围比例：胸围一周选择放松量18cm（限定），其空隙量为3cm左右，该量大于女装原型的胸部放松量，这是由于男性骨骼粗壮，肌肉发达，且男装应表现阳刚之美。同时该放松量是构成原型或服装纸样标准结构所必须具备的基础松量。前、后衣片取胸围$\frac{B}{4}$的等量分配法，称四开身结构，即侧缝线位于侧体中间，这种结构形式便于各种款式纸样的变化。

（2）胸宽、背宽比例：半胸围由背宽、窿门宽和胸宽三部分组成。胸宽和背宽的尺寸是根据"胸围（B）的比例加调节数"形成的计算公式确定的。实践证明，选择"$\frac{1.5B}{10}$＋调节数"可适应各大、中、小号规格的胸围，增减速度适中；公式中所加的调整数是用来调整胸宽和背宽成品规格的，调整数的标准值一般为：半胸宽为3cm左右，半背宽为4cm左右。背宽略大是为了运动方便。中国男上装原型的背宽＝$\frac{1.5B}{10}$＋（4～5）cm，胸宽＝$\frac{1.5B}{10}$＋（3～4）cm。

以上公式不仅适用于原型法纸样设计，也适用于比例基型法纸样设计，设计时应根据款式、造型、体型等要求，适当增减调节数。不同的是，比例基型法中B值的放松量不仅局限于18cm，只要在14～26cm范围内调整，便可确保结构合理，大于或小于该松量时可适当增减公式中的调节数。

（3）肩部比例：肩部位于人体顶部，是服装的主要支撑部位。实践证明，肩部结构设计稍有不当，便会造成围部位的不平整，比如领部周围的不良皱褶、门襟搅盖与豁开等，因此，肩部比例的重点是肩斜线角度的结构设计，简称肩斜度设计。

①肩斜度：确定肩斜线位置的方法主要有三种：角度法、定数法和公式法。其中，定数法和公式法在一定范围内有其应用合理性，然而每个人的肩宽、胸围、肩斜度并非存在固定的比例关系，如果照搬公式或定数，肩斜度可能会出现偏差，袖窿深线位置也会与人体不协调。根据男体测量可知，正常体的前、后肩斜度平均值为22°左右，而本书原型将肩点位置取高些，前肩19°18′（直角边10∶3.5），后肩21°54′（直角边10∶4），前、后肩斜角度平均值约为20.5°，可容纳垫肩1cm左右。如果垫肩加厚可适当提高肩端点。后肩斜度比前肩斜度大2.4°左右，使肩缝线略后移，但在应用时可根据审美习惯和款式造型特点而互借，即将肩线做前、后（降、升前/后肩点）移动。实践表明，后肩缝线斜度略大，有利于归烫造型，以确保美观及舒适功能于一体。选择"角度法"确定肩斜线位置以人为本，切实可行，但离开量角器则束手无策。为了制图方便，本书原型采用"两条直角边之比"的方法确定肩斜度。

②肩宽：指半身肩宽，后肩宽=$\frac{S}{2}$。颈肩点与肩端点的连线为小肩宽。前小肩宽=后小肩宽-0.7cm左右。

（4）袖窿比例：

①人体臂根围的比例：原型和服装的袖窿结构来源于人体臂根围的结构造型，臂根围是由臂根深和臂根宽构成的，如图2-5、图2-6所示。臂根深为上臂长的$\frac{1}{3}$，上臂长约为身高的19.5%，故臂根深约为总体高的6.5%。臂根宽是臂根围的直径，臂根直径=$\frac{臂根围}{3.14}$（π值），近似取3，因为臂根围$\approx\frac{B}{3}$，所以臂根直径$\approx\frac{B}{9}$，它们的关系详见表2-2。

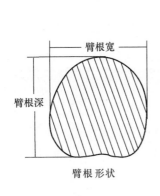

图2-5

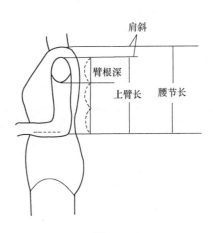

图2-6

表2-2　臂根围数据表　　　　　　　　　　　　单位：cm

体型A		臂根深	臂根围	臂根宽
身高（号）	胸围（型）	6.5%号	约$\frac{B}{3}$	约$\frac{B}{9}$
160	78	10.4	26.0	8.7
160	80	10.4	26.7	8.9
165	82	10.7	27.3	9.1
165	84	10.7	28.0	9.3
170	86	11.1	28.7	9.6
170	88	11.1	29.3	9.8
175	90	11.4	30.0	10.0
175	92	11.4	30.7	10.2
180	94	11.7	31.3	10.4
180	96	11.7	32.0	10.7
185	98	12.0	32.7	16.3
185	100	12.0	33.3	16.5

　　表2-2中各号型人体臂根（腋窝）的宽与深成正比关系，基本上人体身高每增大10cm，臂根深约1cm，臂根宽约增1cm。人体臂根围的比例不能直接用于服装结构造型中，应根据款式需要加放松量来满足活动功能及造型功能的需要。通常臂根深与臂根宽均须加放4～5.5cm才能构成满足人体需要的服装袖窿结构。

　　②原型袖窿的比例：袖窿是由前、后袖窿深和袖窿宽、冲肩这三个主要部位构成的。

　　A.袖窿深：指肩端点至胸围线的距离。本书原型采用了先设计窿深均值再确定袖窿深线（BL）的方法，即从前、后肩端点连线的中点作BL的垂线，量"线段长$\frac{1.5B}{10}$+5cm（或5.5cm）"为原型袖窿深均值（e[1]）。其原理是：该比例公式计算值稳定，不受前、后肩斜度变化的影响。由于男性体型的后腰节比前腰节大2.6cm左右（一个后领口深），所以后袖窿深大于前袖窿深（"大出量"视前、后肩斜度特征而有区别），本书原型采用了"后腰节大于前腰节2cm左右"的方法，即前袖窿深为"$\frac{1.5B}{10}$+3.5（或4）cm"，后窿深为"$\frac{1.5B}{10}$+5.5（或6）cm"。这种袖窿深差数可使男正常体原型肩缝位于肩部中间。前、后袖窿深差数因体型不同而有适当变化，通常驼背体差数大于3.5cm，挺胸体差数小于1.5cm。

　　原型的袖窿深线（BL）约在后腋窝点水平线以下4.5～5cm处，这是常规春秋装的最佳袖窿深位置，冬夏装的内套服装增减时应适当变化。

　　B.袖窿宽：袖窿宽也称窿门宽，指胸宽与背宽纵线之间的距离。正常体袖窿宽为$\frac{2B}{10}$－7cm左右，是$\frac{B}{2}$－$\frac{背宽＋胸宽}{2}$的余量，袖窿宽因个体体型厚薄不同而有所区别。

　　C.袖标点：前袖标点"BL～a"=3cm（定数）它适用于各种装袖服装的纸样设计。当服装松量较大或制图习惯不同时，袖标点位置可相应升高取3.5～5cm均可，正常体衣身袖标点a对

---

[1]　本书中原型袖窿深均值用字母e表示。——编著者。

准袖片上的*a'*点。

D.冲肩：肩端点至胸背宽纵线的垂直距离称为冲肩，如图2-7所示。为了使背宽大于胸宽，后冲肩值小于前冲肩值。通常前冲肩值为4cm左右，后冲肩值为2cm左右，这是标准冲肩值，适用于合体圆装袖服装。在服装设计中经常会遇到肩宽体瘦和肩窄体胖的体型，如按正常体计算公式设计纸样，会出现冲肩值比例失调现象，这就需要适当地调整胸宽、背宽尺寸，将冲肩值控制在标准值范围内，使肩部造型更挺拔。

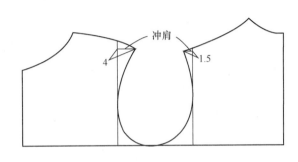

图2-7

E.袖窿弧线：按原型图示要求将肩端点、袖标点、袖窿深点连成光滑曲线，称为袖窿弧线，用AH表示。前、后衣片各以袖窿深点（也是原型侧缝顶点）为界，构成前袖窿弧长（前AH）和后袖窿弧长（后AH）。将平面结构的袖窿弧线的前、后肩端点，各向内折转相交于一点，则构成立体的袖窿围，由上端量至BL线的高度为立体袖窿深*h*。原型袖窿弧线周长占原型胸围的45%左右。原型袖窿酷似人体腋窝围，呈前倾的椭圆形，称为"圆袖窿"，与其配合的袖子为圆装袖。

（5）撇胸比例：从侧面看人体，前颈窝至胸部呈斜坡状（略有凸势），通过在这个位置上置放一个纵向平面，可以测得胸角度，正常男体约20°（正常女体由于胸部呈圆锥体而大于24°）。为了使男装在前颈窝至前中心处的胸部贴体自然，在前领口以下减去一条楔形布，这道工艺在行业中称为"劈门"或"撇胸"。"撇胸"实际是指向前中线的省道，主要应用于男装，男性胸肌越发达，撇胸量越大，反之越小。在原型或款式纸样设计中，一般取胸角度的$\frac{1}{4}$，即5°左右的撇胸量。为制图方便，可用两条直角边之比10∶（0.8~1）计算，在原型前领口深点的撇胸量约1.5cm。标准的撇胸省有省口、省边和省尖。因左右身对称，通常以半身撇胸为研究对象。撇胸量越大，省边越长。标准的省尖在胸围线附近。通常半身撇胸省为1.5~2.5cm，平胸体取1cm左右，正常体取1.5~2cm，挺胸体取2.5cm左右。省边应呈略凸的弧直形，目的是制作高档服装时通过推门工艺，使服装胸部挺括圆顺、立体感强。撇胸量越大，会使胸部以下余量越大，根据此特征，在设计胸高体或腹大体原型（或服装）时，应适当加大撇胸量，而平胸体或驼背体则减少撇胸量。此外，撇胸量随着服装贴松体程度而适当增减。

（6）领口比例：男装原型的后颈肩点比前肩点高2.6cm（后领口深），这是为了满足男性后腰节长于前腰节，后袖窿深大于前袖窿深的体型特征而设计的。

领口宽和领口深是由净体颈根围尺寸按比例推算而来的，这种方法主要是为了获取符合颈根围形状的基本领口，为其他领口款式纸样的设计提供了很好的参照。绘制的领口形状应该满足颈根部斜截面前低后高、前窄后宽的扁圆形态之需要，使原型领口的各结构点对应于人体基准点，即后领口中点、前领口中点、肩领点分别对应于人体第七颈椎点、颈窝点、颈肩点。为了使领口总弧长基本与颈根围尺寸相同或略大一点，设计了如下比例公式：

后领口宽=$\dfrac{2N}{10}$（N：颈根围尺寸），后领口深=$\dfrac{后领口宽}{3}$（用定数2.6cm左右亦可），前领口宽=$\dfrac{2N}{10}$，前领口深=$\dfrac{2N}{10}$。

2.袖窿结构分析

（1）袖窿宽与胸宽、背宽的关系：袖窿宽和"$\dfrac{胸宽+背宽}{2}$"构成了半胸围，它们之间成反比关系。在胸围尺寸相同条件下，人体有正常体、扁平体和圆胖体的区别，而体型的薄厚程度是决定上衣袖窿宽度的主要因素。通过测量、计算和实践将上述关系定量化并总结出以下规律，可以作为设计原型和各种服装纸样的参考依据（表2-3）。

表2-3　袖窿宽与胸宽、背宽的关系　　　　　　　　　　　　　　　　单位：cm

部位 体型	胸围	背宽	袖窿宽
正常体	$\dfrac{1.5B}{10}+3$	$\dfrac{1.5B}{10}+4$	$\dfrac{2B}{10}-7$
扁平体	$\dfrac{1.5B}{10}+4$	$\dfrac{1.5B}{10}+5$	$\dfrac{2B}{10}-9$
圆胖体	$\dfrac{1.5B}{10}+(1.5\sim2.5)$	$\dfrac{1.5B}{10}+(1.5\sim3.5)$	$\dfrac{2B}{10}-(5\sim6)$

注　表中公式调节数可依据服装造型适当调整；$B=B°+$（14～26）cm均适用。

（2）胸宽、背宽、袖窿深之间关系：背宽大于胸宽1cm可使背部舒适，如遇到驼背体还应增加背宽尺寸。女装原型的背宽与后袖窿深尺寸相同，而男装正常体原型的后袖窿深应大于背宽1.5cm左右。前袖窿深比前胸宽大0.5cm。

（3）平面袖窿的纵、横比：将前、后袖窿深之和的平均值（简称为"窿深均值"，用e表示）与袖窿宽的比，称为袖窿的纵、横比。对于上衣纸样平面造型的袖窿而言，因人体厚薄程度不同，大致有以下三种比：

正常体的袖窿纵横比是（1.5～1.6）：1（接近黄金比）。

扁平体的袖窿纵横比是（1.65～1.7）：1（接近黄金比）。

圆胖体的袖窿纵横比是（1.3～1.45）：1。

由此可知，不同体型袖窿纵、横比的变化，主要是由袖窿宽值的大小决定的，即扁平体的袖窿较细长，圆胖体的袖窿较粗短，这种特征在立体袖窿围上表现尤为明显，这说明了结构设计是以人为本的，但从审美角度出发，"真实再现"不是服装设计之真谛，应适当地调节袖窿深度"将丑变美"，达到美化人体的目的。

根据服装纸样设计经验可知，在胸围尺寸相同的条件下，不同体型的原型或服装袖窿周长接近相等，并近似等于原型或服装松胸围的$\dfrac{1}{2}$，一般为胸围的46%～52%。为此可推导出如下原理：在圆胖体、扁平体、驼背体、挺胸体的胸围尺寸相同的条件下，它们的前、后袖窿深尺寸不同。在设计中除了根据体型的前、后袖窿深特征外，还应分别参考胸宽、背宽尺寸，使前、后袖窿深尺寸接近于胸宽、背宽尺寸。为了准确起见，可先根据上述原理绘制一个袖窿方框草图，然后测量一下袖窿围尺寸是否接近$\dfrac{胸围}{2}$，如出入较大可作适当调整而获得满意的袖窿结构。

综上所述可总结如下规律：

①袖窿结构中具有相对稳定的因素，即由体型和款式先确定袖窿宽尺寸。而要使袖窿围相对稳定，则须变化袖窿深尺寸。扁平体的前、后袖窿深随着袖窿宽的减小而相应地增加；圆胖体则与此相反。

②袖窿这种"方框"结构可根据不同体型，会在半个胸围（BL）线上作前、后移动；驼背体的胸宽小于背宽，即向前移动；挺胸体的胸宽大于背宽，即朝后移动。这两种体型也要保持袖窿围相对稳定，即接近$\dfrac{胸围}{2}$。

③平面袖窿经缝制以后的立体袖窿，应成为稍前倾斜的椭圆形袖窿。圆胖体袖窿接近圆形。

总之，袖窿作为构成四面体服装的侧体结构，对于建立造型美观及活动机能良好的男装原型和服装结构，具有重要意义，不可忽视。

（二）衣袖原型的结构设计原理

1.衣袖原型的结构说明

衣袖的结构造型千变万化，按袖与身结合形式可分两类：圆装袖和连衣袖。圆装袖有一片袖和两片袖之别。在男装原型裁剪法中，两片袖结构是各种款式袖型的基础结构。为了便于各种款式结构设计的需要，本文分别建立一片袖与两片袖的圆装袖原型。在男装原型裁剪法中，袖原型为纸样设计活动提供必要的结构参数、比例关系及比例计算公式，以便直接绘制袖纸样，这种技术称为原型法直裁技术。

圆装袖结构的外观质量要求是：使袖山与袖窿的缝合线对应于上臂与躯干的衔接处，使服装结构形成的空隙量符合人体结构及运动、造型的要求。袖山整体曲势滋润美观，有与袖窿同步吻合的装接吃势；袖底处与衣身帖服平整；合体式、半松体式的圆装袖袖筒应自肘部略向前倾斜10°左右。总之，袖型整体结构平衡，具有稳健庄重的风格。

为了实现原型或服装的袖山与袖窿在各种情况下，都能同步吻合，就需要依据袖窿深均值的比例公式确定合理的袖山深，依据袖窿弧长总长AH值的合理比例控制袖根肥及袖山吃势，从而实现一次到位的袖山结构设计。设计过程中还要考虑袖山曲率与袖窿曲率的协调关系，袖山与袖窿的分段吻合，袖筒肘部至袖口的前倾角度等细部结构。下面以两片袖原型为例，从两方面论述袖结构设计要点及其原理。

2.袖原型结构设计要点与原理

（1）确定符合造型效果的袖山高尺寸：合体式袖型的结构造型原理是通过袖山曲线和袖窿曲线作用于肩峰构成的两个省道，而达到贴体、腋下无皱褶的目的。它的演变过程是从贴体到半贴体，其制约袖型肥瘦及贴体程度的关键因素是袖山高的变化。对于任何一个封闭袖窿，都存在着无数个袖山高数值的配合，袖山越高，袖根越瘦；袖山越浅，袖根越肥。那么怎样确定符合造型效果的袖山高尺寸呢？确定袖山高数值的方法有多种，如"胸围比例公式法"、"袖窿弧总长比例公式法"、"定数法"等，它们具有一定的应用范围，如果超其应用范围就会"造型失真"，而且不能够直观地观察造型效果。本文根据实践总结了三种直观的袖山高测量法。

①测量法：

A.缝合袖窿试穿法：将平面袖窿缝合吃拢成符合人体的椭圆袖窿围状，由肩部装袖线起向下量至袖窿底部的高度，是立体袖窿深度，假设该值为"h"，那么"$h+（0～1）cm$"就是平面袖结构的合理袖山高数值，"$0～1cm$"是补充袖山因缝合吃拢而降低的量。平面袖山经缩缝而成为立体椭圆袖山围状，其高度为h，与立体袖窿吻合。如果选取的袖山高尺寸过大或过小时，袖山与袖窿吻合时就会出现不贴体或不舒服的感觉。因此确定合适的袖山高度至关重要。

从袖窿假缝试穿的多例实验和理论研究中可知，袖山的高度与袖窿弧总长密切相关，同时也受到袖窿宽的影响，但主要与袖窿深均值保持合理比例关系。在胸围相同的条件下，不同体型的袖山深数值应略有区别，即扁平体＞正常体＞圆胖体，其原理来自于不同体型的袖窿弧长接近相等，而袖窿宽度不等时，立体袖窿深度自然也不同，二者成反比关系。

B.软尺测量法：用蛇形软尺测量袖窿弧周长尺寸，将软尺按穿着状态围绕成椭圆形，使底部形状与袖窿形状吻合，中部和上部逐渐离开平面袖窿。这时测量侧缝顶点至椭圆底部的垂直长度h加上$0～1cm$就是袖山高尺寸。

C.平面画图法：过横背宽线作一条水平线，切割前后袖窿弧线，由切割点b、点c分别连接肩端点c'和点b'，其交点是封闭袖窿线顶点的参考点，该点至BL线的垂直长度是立体袖窿深"h"，那么"$h+（0.5～1）cm$"就是平面袖山高尺寸，如图2-8所示。

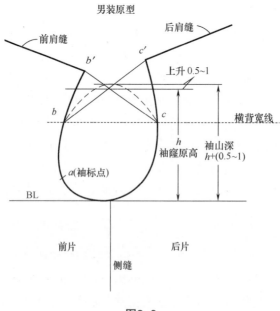

图2-8

以上三种方法均为测量法，能直接看到袖山高尺寸的制图效果。后两种方法以第一种原理为基础，模拟人体穿着效果测量得到袖山高尺寸，因此切实可行。

②计算法：依据上述原理和方法，可依据袖窿周长AH或前、后窿深均值e或结合袖窿宽数值，设计出以下几种合体袖的袖山深比例计算公式，经实践证明公式适用效果很好，供大家学习参考：

袖山高$=\dfrac{8e}{10}\sim\dfrac{9e}{10}$（e：前、后窿深均值）

袖山高$=e-$（2.5～5）cm（2.5～5cm为不同体型调节数）

袖山高$=\dfrac{AH}{3}+$（0～1）cm（0～1cm为不同体型调节数）

公式说明：

A.袖山高$=\dfrac{8e}{10}\sim\dfrac{9e}{10}$：扁平体的袖窿围细长，适合选择高比例公式，圆胖体的袖窿围粗短，适合选择低比例公式，正常体则选择中比例公式，约为$\dfrac{8.5e}{10}$，该公式适应范围广泛。

B.袖山高$=e-$（2.5～5）cm：扁平体减2.5～3cm，正常体减3.5～4cm，圆胖体减4.5～5cm。

C.袖山高$=\dfrac{AH}{3}+$（0～1）cm：扁平体加1cm左右，正常体加0.7cm左右，圆胖体加（0～0.3）cm左右。

综上所述，袖山矩形的两条边袖山高和袖根肥是反比关系，其中袖山高是制约袖型肥瘦及合体度的关键。

对于造型要求严谨的合体与半松体服装的袖型，效果最佳的袖山高应该只有一个，确定方法虽然多种，但利用平面制图测量法是获得袖山高尺寸的最佳方法（图2-8），该方法与工艺中的"假缝试穿"方法异曲同工，其次还可采用计算法中三种比例关系确定袖山高，"高低比例"或"调节数"的选择应根据袖窿的形状类型及袖型的瘦肥不同而灵活掌握。

（2）袖根肥及袖山吃势的设计：确定袖山高之后，如何定性定量地设计出满足袖山造型需要的袖根肥，是袖纸样设计的又一结构重点。结合国内外纸样设计成功经验，合体圆装两片袖的袖根肥设计有以下几种方法：

①确定"袖山长斜线"公式中的y值，求袖根肥并控制袖山总吃势：

A.长袖山斜线$a'd'=AH-y$，y值是斜线长度的调节数，可在1～3cm之间选择。袖原型的斜线为"$\dfrac{AH}{2}-3cm$"时，袖山总吃势为2～3cm；斜线为"$\dfrac{AH}{2}-1cm$"时，袖山总吃势可达4～5cm。根据这种规律，可适当调节y值的大小，使袖山吃势适度，满足不同的面料、规格、袖型等需要（参见图2-2）。

B.长袖山斜线$gg''=\dfrac{AH}{2}+y$。y值可在0.8～1.2cm之间选择。由于斜线是袖山矩形的对角线，比上述公式斜线$a'd'$要长，所以y值是正数。本书的比例基型法纸样中的袖子斜线长度取"$\dfrac{AH}{2}+1cm$"时，袖山吃势为3.5cm左右，y值每增减0.1cm，吃势可增减0.25cm左右（参见图2-2）。

上述两种方法均是采用"长线段"公式，确定袖山总吃势，那么如何确定袖山顶点以及分配各段吃势呢？通常前袖山（袖顶点至袖标点之间）以前袖窿"弦长ac+（0.7~1）cm"确定（参见图2-3），可有吃势1.6~2cm，约占总吃势的40%左右。余下的吃势大致平均分配给后袖山和小袖斜纱处，小袖横纱处无吃势。

②确定"袖山短斜线"公式中的y值，求袖根肥并控制各段袖山吃势：这种方法先测量袖窿分段曲线的弦长，为了使袖山各段有需要的吃势，在袖窿各段上加调节数，对应为袖山分段弦长。这种方法虽然较麻烦，但是体现出袖山与袖窿唇齿相依的密切关系，科学性和实用性很强。下面介绍"四段法"和"三段法"两种方法。具体分配方式可参见图2-3。

衣身袖窿上主要结构点为a、b、c、c'、d、e，袖山上与之相对应的主要结构点为a'、b'、c''、d'、e'。

大袖$a'b'$=身ab+（0.6~0.8）cm，吃势0.6~0.9cm。

大袖$b'c''$=bc+（0.8~1）cm，吃势1.2cm左右。

大袖$c''d'$=$c'd$+（0.8~）1cm，吃势1.1cm左右。

小袖$d''e'$=de+（1.3~1.5）cm，吃势1.4cm左右。

袖山总吃势为4.3~4.5cm。

三段法与"四段法"比较，又简单一些，仍很科学。

大袖$a'c''$=身ac+（0.7~1）cm左右，吃势1.6~2cm。

大袖$c''d'$=$c'd$+（0.8~1）cm，吃势1.2cm左右。

大袖$d''e'$=de+（1.3~1.5）cm，吃势1.4cm左右。

袖山总吃势为4.2~4.6cm。

（三）袖筒的前倾角度

观察男体上肢形态可知，手臂自然下垂时，肘部以上部位几乎呈垂直状态，下臂前倾的角度根据测量平均为13°左右，设计圆装两片袖原型或服装合体袖时，由于袖与手臂之间有一定的空隙量，因此，在平面制图中体现10°左右的偏袖角度即可，可采用前袖缝在肘线处凹进，后袖缝前倾的结构，使袖纸样中肘部以下的袖筒造型为前倾弯曲形态。

（四）袖山与袖窿的结构吻合原理

以两片袖原型为例，参见图2-3，说明袖山与袖窿的结构吻合原理。

（1）袖山起点a定为袖标点，$a''a$=3cm（本图为3cm，可调节），装袖时与袖窿a'点吻合，可使袖山与袖窿前、后位置缝合正确。略前倾体$a''a$=2.5~2.7cm，后倾体袖子的$a''a$为3.3~3.5cm。

（2）袖山顶点c''与肩缝c、c'吻合，袖山的弧长$a'c''$缩缝后与袖窿弧长ac吻合。

（3）袖山止点d'与后袖窿d点吻合，d点位于背宽横线向下0.7cm左右处。可用$\frac{袖山高}{3}$求得。袖山弧长$c''d'$经缩缝后与袖窿弧长$c'd$吻合。

（4）前袖山b'点与前袖窿b点吻合，袖山弧长$a'b'$缩缝后与袖窿弧长ab吻合。

（5）小袖山e'点与后袖窿e点吻合，袖山弧长$d''e'$缩缝后与袖窿弧长de吻合。

上述袖山与袖窿以五个结构点进行吻合的方法，称为"装袖五点对位法"或"装袖五点吻合法"。

另外，在设计袖山凸势时，须注意同上部袖窿曲率的协调一致性，即衣身的冲肩值稍大时，袖山凸势宜略强，反之略弱，其目的是满足不同袖山的造型要求。设计小袖底凹势时，还要注意与袖窿底部凹势吻合一致，可使袖底处平整帖服无余褶。

第二节　日本文化式男装原型及结构分析

一、男衣身原型制图与结构分析

（一）衣身原型

衣身原型选取身高170cm（代号为5）、YA型（胸腰差14cm）的净胸围和背长尺寸为基准进行制图。

1.制图规格（表2-4）

表2-4　日本文化式男装原型结构制图参考规格　　　　　　　　　　　　单位：cm

号型	净胸围（$B°$）	背长	$\dfrac{B°}{6}$	胸围放松量
170/90YA5	90	42	15	16～20

2.制图方法

男衣身原型只画左半身。

（1）基础线绘制如图2-9所示：

①长方形：长边是$\dfrac{B°}{2}$+（8～10）cm，调节量可根据服装宽松程度取值。短边是背长42cm，其中长方形上下两条横线分别为上平线和腰围线，左右两条竖线分别为前中心线和后中心线。胸围的总放松量可在16～20cm之间选择。

②胸围线BL（亦称袖窿深线）：由上平线向下量取$\dfrac{B°}{6}$+（8～9.5）cm间选择，作上平线的平行线。

③胸宽线、背宽线：以前、后中心线分别向内$\dfrac{B°}{6}$+3.5cm、$\dfrac{B°}{6}$+4cm作竖线为胸宽线、背宽线。

④侧缝线：过长边（WL）的中点向BL作垂线，为侧缝线。

⑤横背宽线：横背宽线设置在后衣片上，如图2-9所示，是上平线的平行线。

（2）后衣身结构线与轮廓线：

①后领口宽：后领口宽为$\frac{B°}{12}$，用●来表示。在上平线上由后中心线向左量取并画小竖线。

②后领口深：为$\frac{后领口宽}{3}$，由上平线向上量取。

③后领口弧线：按图2-9示绘制。

④后肩斜线：由背宽线与上平线的交点向下量取$\frac{●}{2}$或$\frac{●}{2}$-0.5cm，与后领口深的中点连接并向左延长2cm为肩端点，并用▲表示后小肩斜线长。从颈肩点至肩宽的$\frac{1}{3}$处用曲线自然地连接。

⑤后袖窿弧线：由后肩端点画下来，在基础线上凹进0.5～0.7cm，圆顺后袖窿曲线。

（3）前衣身结构线与轮廓线：

①前领口宽：过前胸宽的$\frac{1}{2}$点画前中心线的平行线，与上平线的交点即为领口宽点（SNP）。

②前领口深：前领口深=后领口宽（●）。

③前领口弧线：直线连接侧颈点与领口深点，并从颈点下量$\frac{●}{2}$=△与领深点相连，如图2-10所示画顺前领口弧线。

④前小肩斜线：从胸宽线与上平线的交点向下量取$\frac{●}{3}$为定点并与侧颈点直线连接，使直线=▲-0.7cm，中点凸势为0.3cm，画顺前小肩斜线。

⑤前袖窿曲线：如图2-10所示，凹进0.5～0.7cm，经过BL（胸围线）以上5cm拐点至侧缝顶点，画圆顺前袖窿弧线。

⑥前袖标点：由BL线上升2.5cm（2.5～3cm）作短横线交于前袖窿弧线的点称为前袖标点。

衣身原型纸样设计如图2-9、图2-10所示。

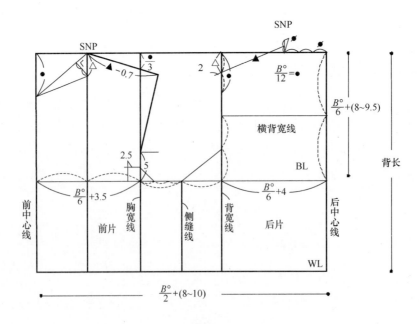

图2-9

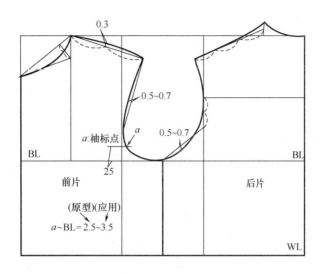

图2-10

（二）男衣身原型结构分析

1.胸围放松量

男衣身原型胸围放松量为18～20cm，适合一般款式的男式上装或套装上衣。男装胸围的放缩量一般按6:3:1:2的比例分配在后侧缝、前侧缝、后中心线、前中心线，也可稍加调整。例如，胸围追放松量6cm，左半身制图为3cm，其中后侧缝放1.5cm，前侧缝放0.75cm，后中心放0.25cm，前中心放0.5cm。

2.胸宽、背宽、袖窿宽

原型中胸宽为$\frac{B°}{6}+3.5$cm，背宽为$\frac{B°}{6}+4$cm，袖窿宽为$\frac{B°}{6}+1.5$cm，这种比例分配适用于正常体，背宽大于胸宽可以满足服装造型及人体运动的基本需求。对于特殊体型可适当调整以上三个部位的尺寸。

3.撇胸

从侧面看，男性体型的胸部凸起虽然没有女体明显，但颈部至胸部也呈斜坡状，正常男体胸坡角为20°左右。为了使上装胸部中心处平服贴体，通常采用在领口的前中心处剪掉一个倒置三角形，如同丁字形省，这道工艺称之为劈门或撇胸，主要应用于男装结构设计，一般来说，胸肌越大，撇胸量越大，正常体撇胸量为1.5cm左右，挺胸体和驼背体需适当增减。宽松式或条格上衣为了造型完整可取消撇胸结构。

4.领口

男装原型后肩领点高于前肩领点一个后领口深，这是因为男性后腰节长于前腰节2.5cm左右的缘故。原型领口是开门领的基本领口，当制作关门领时，需要根据领围尺寸来调整领口尺寸。

5.横背宽线

在后衣身背部设计了一条横背宽线，它是男装纸样重要的结构线之一。横背宽线可作为绘制袖窿的参考点线，可以为绘制后背曲线背凸提供参考，是绘制袖山结构的基础线之一。特殊体型可以在横背宽线上调整背宽尺寸。

6.肩部

正常男体的肩斜度为22°左右，原型的后肩斜度为27°，前肩斜度约为16°，平均斜度为21.5°，符合人体肩部结构。后肩斜度大，使该部位面料为斜纱，容易归缝，其目的是使结构合理与制作方便。另外，影响肩部造型的重要因素还有冲肩，它表示肩端点到胸背宽线之间的垂直距离。一般前冲肩值为4cm左右，后冲肩值为1.5cm左右。这种尺寸可使肩部袖窿的造型挺拔，为制作显示男性阳刚之气的服装打下良好的基础，参见图2-7。

二、圆装两片袖原型结构制图与结构分析

（一）圆装两片袖原型结构制图

日本文化式两片袖原型以袖窿弧长为主要制图依据。

1.制图规格（表2-5）

表2-5　日本文化式男装袖原型制图参考规格　　　　　　单位：cm

号/型	袖长（SL）	袖窿弧长（AH）
170/90YA5	58	52

2.制图方法

（1）基础线：

①三条基础线：直线a与b平行，且同时与直线c相垂直。a与b的距离与衣身的横背宽线到胸围线的距离相同。

②袖山深：从直线b向上量$\frac{AH}{3}+0.7$cm，过该点作b线的水平线为上平线。

③袖标点（定位标记）：直线b与c的交点上量2.5cm（2.5~3cm均可）点为定位标记点，也称装袖吻合点。

④袖肥：从袖标记点斜量$\frac{AH}{2}-（1~3）$cm交a线上。

⑤袖长：在a线上按袖肥的中点向上作垂线与上平线相交，过交点右量2cm后从该点以"袖长-0.5cm"向直线c量取，同时画出此斜线。

⑥袖口：过袖长点作斜线的垂线为袖口辅助线，量取袖口宽。

⑦袖肘线：定位标记与袖长点之间长度的中点上移1cm处作a线的平行线。

（2）作轮廓线：

①大袖后袖缝线：以直线连接袖肥点与袖口宽点，然后以该直线为准，在b线上右量

2cm，肘围线上右量2.5cm，用曲线连接。

②大袖前袖缝线：以直线c为准，b线左量1.5cm，肘围线左量0.5cm，袖口处左量1.5cm，用曲线连接各点并向上下各延长0.7cm。

③袖顶点：在上平线2cm点右量0.7cm为袖顶点，绱袖时对准肩端点。

④大袖袖山曲线：直线a四等分，左起第一等分点分别与袖顶点和袖标点连直线，袖顶点与袖肥点连直线，确定凸起点后用圆顺曲线绘制。

⑤小袖各曲线：参照大袖相应各条线，按图示比例绘制。

以上是根据袖窿弧长（AH）绘制两片袖的方法。袖原型如图2-11所示。

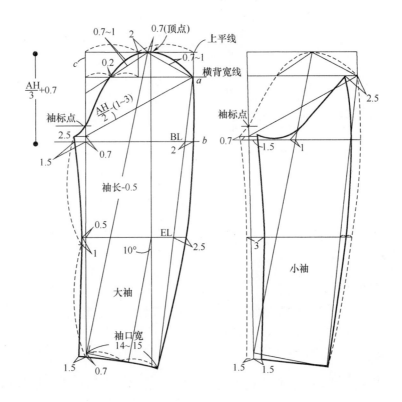

图2-11

利用原型衣身袖窿绘制圆装两片袖可以更好地理解袖窿与袖山的对位方法及结构吻合原理。首先距离胸宽线偏右0.5cm作基础线c，然后按上述方法制图，如图2-12所示。

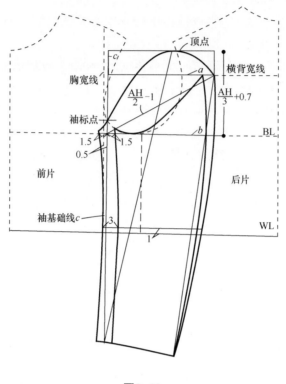

图2-12

（二）圆装两片袖原型的结构分析

圆装两片袖原型结构是按照人体腋窝和手臂形态设计的，造型端庄严谨，完全体现出人体自然美，适合各类西装、制服及大衣等服装类别。

1.袖山高的确定

袖山高采用 "$\dfrac{AH}{3}+0.7cm$" 的公式确定，可使缝制的立体化袖山与袖窿达到最佳组合关系，即确保腋下帖服及活动方便。还可运用前、后袖窿深平均值 $\dfrac{8e}{10} \sim \dfrac{8.5e}{10}$ 的公式确定袖山高。

2.袖根肥的确定

袖根肥采用 "$\dfrac{AH}{2}-y$" 的公式确定袖山斜线长度，y 值控制在 $1 \sim 3cm$ 之间，这样所求得的袖根肥不仅满足衣袖造型的需要，还能有效地控制袖山总吃势。圆装两片袖原型采用了 "$\dfrac{AH}{2}-2.5cm$" 确定袖山斜线长，使总吃势为 $3.5 \sim 3.8cm$，适合中号服装的袖山造型。如果遇到大、小号服装或面料塑形性能不同、袖山吃势不同等情况时，可适当调节公式中的 y 值，一般 y 值每增加 $0.1cm$，吃势则增减 $0.22cm$ 左右。例如，袖山吃势需要 $4cm$，则采用 "$\dfrac{AH}{2}-2cm$ 左右"。

3.袖山与袖窿的结构吻合原理

①a定为袖标点，2.5cm为定值，装袖时a点与袖窿a'点吻合，其作用可使袖子的前后位置准确。

②袖山顶点c''与肩端点c（c'）吻合，袖山的弧长$a'b'$缩缝后与袖窿弧长ab吻合。

③袖山的弧长$b'c''$缩缝后与袖窿弧长bc吻合。

上述袖山与袖窿以三个结构点进行吻合的方法，称为装袖三点对位法。

在进行两片圆装袖制图时，不仅要考虑相关结构点的吻合问题，还要保持袖山底部与袖窿底部凹势一致，使袖底处平整服贴无余褶（参见图2-3）。

第三章　原型法男装纸样综合设计方法及规律

第一节　款式效果图的分析方法

　　男装纸样综合设计是一门技术性强、涉及面广、强调服装造型艺术与科学技术相结合的学科，是将款式效果图转化为具体服装纸样的设计过程。

　　款式效果图是服装设计中各种构思和信息的表现形式。制板师（亦称样板或纸样设计师、结构设计师）只有对款式的感官表象进行系统分析之后，才能充分理解其内涵，同时从中提炼出纸样结构造型的主要成分，进行有效的结构分解并据此完成纸样设计工作。款式效果图的分析方法主要包括以下五方面内容。

一、准备工作设计图

　　款式效果图是将服装设计构思用着装形态表达的一种绘画形式，主要有写实型和夸张型两种。写实型效果图的各部位比例和数据关系基本与着装效果一致，图面较注重结构和工艺的表达，为纸样转化提供了较为真实的依据。写实型效果图通常选择八头身或八头半身人体比例，它与普通人体的七头至七头半身比例仅仅在下肢长度存在差异，了解该差异对正确判断服装规格很有意义。

　　服装的夸张型效果图着重于烘托服装的艺术气氛，以引起观赏者情感的共鸣，因此多采取拉长人体比例的手法，且画面不太注重结构与工艺的技术表达，有的画面还存在不合理的或不能分解的结构形式，为此，我们应该从艺术与技术相结合的角度，仔细确认效果图对服装的结构造型所表达的实际含义。首先应辨别被夸张的造型与实际量之间的差异（包括长、宽、厚度等）；然后辨别画面上哪些线是虚构线、结构线、装饰线或动作引起的褶纹线，哪些是款式中存在却被省略的量等。最后，在保持原创作效果的基础上，利用结构设计原理对其实施改造，并重新绘制写实型线描正面效果图和背面式样图。也可以用正面式样图代替正面效果图作为工作设计图，为绘制服装纸样提供重要依据。本书附有纸样设计图的各种效果图和式样图均为规范的工作设计图，供读者学习参考。

二、判断款式的基本功能

　　"功能"一词来自拉丁文Functio，原意指机能、作用，这里表示着装者的职别、活动范围和服装用途等意义。现代男装的基本功能可包括实用功能、社会功能和审美功能。实用功能包括服装的防护功能、应用功能、活动功能等。社会功能包括职业、礼仪、标志和象征等功能。审美功能包括整体美、个性美、装饰美等艺术风格方面的功能。

　　现代男装款式造型逐渐丰富，其功能特征各异。在纸样设计过程中，功能成分是结构变化和调整的重要依据，不可忽视。纸样设计者可以采用简便法，即对穿着的对象、时间、场合以及目的、用途等进行综合考虑，以期对款式的基本功能作出正确判断。

三、判断款式的轮廓

　　款式的廓型亦称剪影，指忽略服装内部结构的外轮廓造型。

　　男装廓型虽然不如女装变幻莫测，但也朝着丰富多彩的方向发展。服装设计师将廓型设计视为款式的灵魂，现代男装款式造型的变化同样首先取决于廓型的变化，服装的局部或整体都可能出现与人体之间大小不等的空隙或鲜明的体积差异。通常根据服装整体的松紧程度，可将服装划分为紧体型、半紧体型、合体型、半合体型、松体型、特松体型六种形态。根据服装不同部位或整体的松紧变化，可将服装划分为H型、A型、V型、X型、O型等多种廓型。在分析男装廓型时，应对各部位的贴松体程度进行认真地分析，并宏观地判断出放松量是均匀分布、还是偏向某一侧，重点强调哪个部位，相互的对比关系如何等因素，然后根据款式造型特征画出平面廓型图，为下一步判断款式的结构特征及成品规格奠定良好的基础。

四、判断款式的结构特征

　　在进行纸样设计之前，需要把整件或整套服装分解为若干单元部件，并依据这些部件的几何形态、参数值、组合关系及规律等，揭示出款式的本质内容。为此，我们把服装各种部件的形态特征、几何构图及其组合关系称之为"结构"。

　　结构是服装整体各部分之间的固有联系，并体现了几何构图之间的节奏特点。在理解结构时，应当掌握各部件的均衡、方向、空间距离和上、下、左、右衔接的准确性，这些因素有助于分解结构，能够反映出服装造型的整体秩序。

（一）判断款式的结构类型

　　首先对服装的宏观结构进行判断，可以从款式的衣身、领、袖、门襟等主要部件特征及相互组合形式、贴松体程度三方面进行判断。借助各部位基本纸样的名称来判断款式的结构类型，是既简便又科学的方法。例如，平驳领五粒扣西装、插肩袖镶拼式夹克、翻领连袖宽松式大衣等款式的名称中，就包含了各自的主要结构类型。在判断款式的结构类型时，还应确定款式的风格特征，它包括传统型、流行型、个性型、艺术型、表演型、实用型、创意型、模仿型等多种风格，其目的是在纸样设计时，更好地把握结构纸样数据的准确性。

（二）判断款式的细部结构特征

　　在完成款式宏观结构的判断之后，还应继续判断其微观结构，即细部结构，这样有助于进一步加深理解各种纸样的几何构图特征。它包括判断结构造型的对称、平衡、均衡、比例等关系；分割、拼接、互借、切展、收省、抽褶、打裥、省道转移、连省成缝等技法的运用；整体衣身的侧缝分割是三开身四片、六片，还是四开身四片等，是否还与其他纵（或横）向分割缝组合进行塑型或仅起装饰作用；结构或装饰方面的点、线、面如何处理，是否体现了形式美法则等。上述各种细部结构特征大多显示在款式效果图上，经过观察和研究都可将其确认为显性结构。款式效果图上不能直接观察到的结构称为隐性结构。例如，衣里、里袋、挂面的形状、位置尺寸；衣里与挂面的连接形式；前后身主要部位的结构平衡关系；各相关结构线的形态与长度的吻合关系；相关部位的结构点吻合关系；纸样几何构图的角度、拐点、曲率等关键性结构等，均需要制板师具备较强的分析判断能力，通过立体透视的想象并结合款式的功能、廓型、材质、体型、制作工艺等多种因素，进行综合性分析，假设几种结构设计方案，最后确定款式纸样结构设计的最佳方案。

五、款式纸样的规格确定

款式纸样的规格包括成品规格和细部规格两大类。

（一）成品规格的确定

成品规格是指制约服装廓型关键部位的长度、宽度和围度规格。上衣关键部位规格主要有衣长、背长（腰节长）、总肩宽、袖长、领围（颈根围）、胸围、腰围、臀围。裤子关键部位规格主要有裤长、腰围、臀围、脚口围（或脚口宽：脚口围的 $\frac{1}{2}$）、上裆、下裆。上衣的腰围尺寸有时仅作参考。

服装行业中主要有三种成品规格的确定方法：一是根据服装号型标准确定服装成品规格。服装号型标准分为国家、地区、企业等多种类型，在标准中所示人体各部位尺寸（净体尺寸）的基础上，加入款式所需的放松量就成为服装成品规格。这种方法主要用于服装批量生产，可满足普遍性需求。二是根据测量人体尺寸确定成品规格，此方法主要适用于特体服装、高级服装或时装的制作，以满足个体性需求。三是根据计算公式确定成品规格，下面重点介绍一下该方法。

成品规格的计算公式是由某部位的比例与调整数之和（或之差）构成的。这些公式主要依据我国服装专家和广大服装工作者对人体比例研究的成果，并结合纸样设计经验综合形成。为了使各部位计算公式切实有效，可在使用过程中，将计算结果对照人体的相关部位或效果图，经确认后再使用。常用的成品规格计算公式有以下几种：

1.衣长公式

（1）前衣长$=\frac{4}{10}$号（总体高）+（6~8）cm（西装或春秋外衣，长度在大拇指中节或指尖处）；$\frac{4}{10}$号+（12~20）cm（短大衣，长度在中指尖或膝盖以上20cm左右）。

（2）后衣长$=\frac{颈椎点高}{2}\pm$调节数（普通西装上衣可加0.5cm左右，衣长在大拇指尖附近），前衣长可另加前下垂量2.5cm左右。

2.袖长公式

（1）袖长=全臂长+袖山增量（垫肩厚度+0.3cm左右的补充量，共1.5cm左右）+腕骨下端的袖口长度的升降量。

（2）袖长=$\frac{3}{10}$号+调节数（普通上衣为8～10cm，大衣袖长可再加3～5cm）。

3.裤长与上裆公式

（1）裤长=腰围高±调节数。

（2）上裆=股上长±调节数（普通西裤减1cm左右，不包括腰头宽尺寸）。

上裆=$\frac{净臀围}{4}$+3cm左右（不包括腰头宽尺寸）。

上裆=$\frac{成品臀围}{4}$或$\frac{成品臀围}{4}$±1cm左右（不包括腰头宽尺寸）。

4.总肩宽公式

（1）总肩宽=本书规格表的总肩宽尺寸+调节数（2～3cm）或根据款式确定肩端点放宽量。

（2）总肩宽=测量的人体总肩宽+放松量。

5.颈根围与领围的公式

（1）颈根围=$\frac{3.5×净胸围}{10}$+（9～10.5）cm。

（2）领围=颈根围（查规格表）+放松量（根据领型确定）。

6.净腰围、净胸围、净臀围的公式

（1）净腰围=0.8×净臀围±调节数。

（2）净胸围=上体长（头顶至大腿分叉处的距离）－4cm。

（3）净臀围=上肢长+2cm左右。

说明：①上肢长=$\frac{号}{2}$+（6～9）cm，总体高－上体长=下体长。

②以上各种计算公式均适用于正常体型，特殊体型应适当调整调节数。

（二）细部规格的确定

细部规格指成品规格以外的各种部件、部位规格及结构线、分割线之间的比例等数据。例如，主要部件有衣领、袖子、驳头、门襟、口袋、串带、腰头等；主要部位有肩斜线、领口深与领口宽、袖窿深与袖窿宽、胸宽与背宽、搭门宽、扣位、上裆、大小裆宽等。

确定细部规格的难度较大，方法有多种，如比例估算法、比例系数公式法、定寸法、原型法、公式计算法等，可以根据习惯选择或混合使用。通过纸样设计实践经验可知，原型法准确率较高，比例估算法和比例系数公式法较为常用，其他方法有一定的局限性或略有难度。不管运用何种方法，都应及时对照人体的结构比例，根据款式的艺术造型效果和功能要求进行细部规格调整，直至满意为止。切忌生搬硬套某种公式而影响对整体结构造型美和活动功能美的塑造。尤其遇到夸张性效果图和新潮款式的设计时，会出现纸样上结构不协调的现象，而且越修改越"失真"。这时，不要急于"定稿"，有两种解决问题的方法：一是需要找出影响结构造型的关键因素，其他问题则会迎刃而解；二是不必强求各部位尺寸的精确性，只要把握住整体结构造型的协调美观即可。下面介绍比例估算法和比例系数公式法两种常用的细部规格计算法。

1.比例估算法

比例估算法主要应用于服装部件（领、驳头、袋、袖等）或部位（门襟、衣身的过肩、胸/背宽、扣位等）之间各分割线、结构线之间尺寸的确定，这种方法是通过"寻找部件（部位或分割线）与人体相邻部位之间的比例关系"而确定。例如，领子的肩部翻领宽及领座高与肩部相邻，可通过它与小肩宽的比例确定，前领宽、驳头宽与胸宽相邻，可由它与胸宽的比例确定；驳头高、领角、串口线等的高低可按它与腰节长度的比例推算；大袋盖的位置和宽度可根据腰节长或胯骨位置（中腰围线）推算；刀背缝和公主线的形态可根据它所通过人体的肩、背、胸、腰、臀等部位的宽度比例关系推算，等等。

2.比例系数估算法

比例系数估算法公式：$a=\dfrac{x}{y}$，$x=a \cdot y$。公式中的x为实际部件尺寸，y为图样部位尺寸，a为比例系数。x值可以是服装上任何部位的尺寸。例如，估计图片模特总体高为180cm，则"前总肩宽尺寸为45cm（后总肩宽–1cm）+肩端放宽量1cm"=46cm，图片中的总肩宽经测量如果是4cm（y值），则系数$a=11.5$，将该值代入公式"$x=a \cdot y$"中则不难求得实际各部位的规格。该方法简便易行，但要求x值尽量准确。"比例系数估算法"很适合依据模特照片或写实型效果图来判断服装规格，为喜欢复制杂志画报上新颖时装的个人或生产厂家提供了方便。本书第四章中10多款结构图就是采用比例估算法而设计的。值得注意的是，图片中的模特有些不是正身，有时头部和身躯扭转，致使服装上分割线、领型、口袋等部位随人体扭动方向而有一定的透视关系；有的效果图比例与实际人体比例也有一定的区别。因此，在应用"比例系数估算法"确定服装各部位的线性、角度、尺寸时有一定的困难。为此，不论是批量生产，还是个人量裁，应采取接近于大效果的方法，能保留款式的流行风格和主要特征就可以了。

在完成款式效果图的分析之后应画出写实型款样图或黑白线描效果图，写出款式的功能、廓型及结构类型特征，确定服装成品规格与细部规格。这项工作是纸样设计之前必不可少的环节，不可忽视。

第二节　衣身原型的应用方法及其变化规律

原型的结构制图方法及其原理简单易学。但若想在纸样设计中灵活应用，还需要掌握服装中各部件（领、袖、袋等）、各部位（省、门襟、分割线等）的结构设计与变化规律，组合方式等多方面知识，同时还要掌握原型自身结构变化的方法及规律。由于许多书籍对服装分项结构设计知识专有论述，这里不再赘述，而主要讨论一下原型自身结构变化的方法及规律，因为这部分内容是原型纸样综合设计中的技术核心问题。在应用原型进行各种款式的纸样设计过程中，能否始终保持主要部位的结构平衡，是决定服装纸样质量的关键。原型结构设计中的主要部位有以新腰围线为基准的前/后腰节长、前/后衣长摆围、前/后领口、前/后小肩、前/后袖窿。在原型应用中，如果能够以这些部位的变化规律作为新纸样设计的基础理论与方法，则会取得事半功倍的效果。为了研究问题方便，将上述主要部位的变化规律归纳为以下三方面。

一、原型腰节长度的变化规律

衣身原型解决了正常体服装的长度结构平衡问题，那么驼背体和挺胸体的长度结构平衡问题如何解决呢？

（一）原型前后腰节长不变

将前后衣身原型腰节线对齐描出，取原型自身的腰节长尺寸作为服装新款式结构图的腰节长度，该方法保持了正常体原型的标准长度结构；后腰节高出前腰节2.5cm左右（一个后领口深的尺寸），是我国正常成年男体的前、后腰节长度差数，这种方法适合正常体各种纸样设计的需要，如图3-1（a）所示。

（二）前腰节不变，后腰节增加（驼背体）

保持前后原型胸围线（BL）至腰围线（WL）这段和前片原型不变化。后片的背宽横线处，在袖窿和后中心线处分别增加1cm和2cm，以满足轻度驼背体的需要。如遇强度驼背体，可将前片胸围线（BL）的前中心线处重叠一个三角形，减短前腰节，后片背宽横线的两端分别再拉大一些距离，描出变化后的原型轮廓线，如图3-1（b）所示。

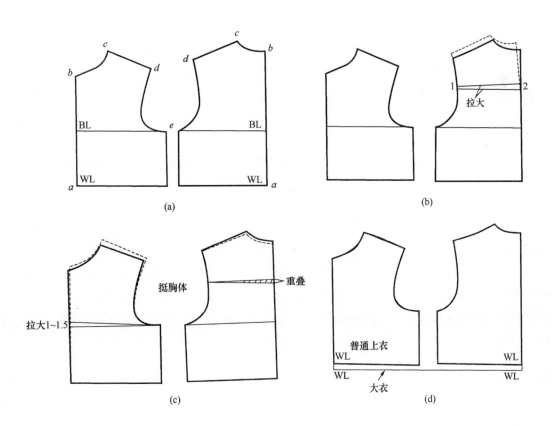

图3-1

（三）后腰节减少，前腰节增加（挺胸体）

与驼背体相反，挺胸体后原型腰节不变化或减少，将前原型腰节长增加。方法是在前中心线处将胸围线（BL）作升高变化。轻度挺胸体升高1～1.5cm；强度挺胸体时可升高2.5cm左右，同时还需减短后腰节长度，在背宽横线的后背处减短（重叠一个三角形）1cm左右，如图3-1（c）所示。

（四）前后腰节长度同时增加或减少

这种原型长度变化形式有改善人体实际腰节长度的作用。提升腰节高度可使身材矮小的人显高；较长或较重的大衣，有时通过增加腰节高度的方法来表现服装整体的协调美感，如图3-1（d）所示。

二、衣身原型中五个结构点的变化规律

近年来，男装款式造型变得越来越丰富，男装纸样设计方法和变化规律也异常活跃。原型法在纸样设计活动中有其独特的变化规律。

（一）前后腰中心点

前、后腰中心点（a点）纵向变化决定前、后衣长，并保持衣长摆围的结构平衡。

多数男装为使款式显得精神，衣长下摆围保持水平或前片略长些。因此，原型法中首先在"前、后a点处向下追加相同的尺寸为基本衣长"，而西装或大衣等款式，在此基础上再另外加"前下垂"，即在前中心线下摆处加2cm左右的长度，使前衣摆长于后衣摆，由前至后进行自然的过渡。挺胸体、凸腹体前中心线下摆处的追加量还要多些。特殊款式也有前短后长的结构，如燕尾服和晨礼服等。

（二）领深点和领肩点

领深点与肩领点（b点、c点）的变化确定新领口形状，并保持肩领部位的结构平衡。

原型领口中的领宽、领深比例以及各个结构点所构成的领口弧线，是符合人体颈根部的基本结构，其长度大于颈根围2.5cm左右，空隙约0.4cm左右。在配制各种领型结构图时，应以原型领口弧线为基准，以领型立体效果为依据，决定该款结构图的领宽和领深的取值，然后再依据领型特征，绘制领口线。通常驳领选方领口，翻领和立领选择圆领口。

领口宽应以人体（原型）颈肩点为参照点，一般前、后领口宽度相同。后颈部厚度较大时或无领式结构的后领口，后领宽应适当增加0.3cm左右。

后领深取值比较稳定，翻领和驳领多取2.4～2.8cm，立领取2.7～3cm。前领深取值的变化幅度较大，应根据领型特征确定，如图3-2所示。

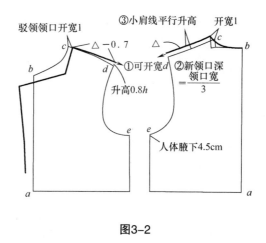

图3-2

（三）肩端点和袖窿深点

肩端点和袖窿深点（d、e点）的变化确定新袖窿弧线，并保持肩部与袖窿部位的结构平衡。

1.肩端点（d点）

原型的肩端点d点与人体稍有0.7cm左右空隙，设计不装垫肩的款式时原型纸样可不变化。有垫肩的服装可适当减小落肩值，前、后肩端点可同时升高，也可根据习惯，只变化前后任一肩端点。但须根据垫肩厚度（h）的比例确定总升高量。d点不仅有升高变化还有加宽变化，加宽尺寸应根据造型效果确定，如果是普通的西装或大衣等款式的自然肩型，只加放0.5~1.5cm即可。如果是大落肩式则根据肩缝长出的比例确定。总之，d点的变化使肩缝倾斜度都有所改变。连接新的c点、d点，可形成直线型和前凸后凹型两种小肩线，直线型肩线适合普通服装，前凸后凹型肩线适合西装类合体式服装，如图3-3、图3-4所示。

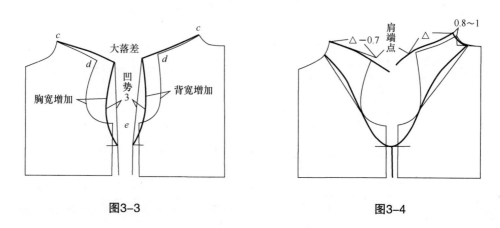

图3-3　　　　　　　　　　　　　　　图3-4

2.袖窿深点（e点）

e点有横向与纵向两个方向的变化。

原型的袖窿深点，按照西装类上衣设计，位于人体腋下4.5cm左右，既满足上臂活动量又是保证合体袖型美观的最佳位置。由于男装款式中休闲装、大衣等品种的造型较为宽松，通常在增加宽松量的同时，还要适当加深袖窿尺寸。

（1）e点的横向变化规律（图3-5、图3-6）：e点横向变化直接影响衣片胸围的大小。衣身原型包含18cm的胸围松量，称其为基本松量，以此为基础，将款式多出的松量称为"追加松量"，反之为"缩减松量"。男装纸样是以四开身结构为基础进行变化的，因此，胸围一周的追加松量要分配到四片上；每片原型的加宽量是相等的，为 $\dfrac{\text{"追加松量"}}{4}$ 。衣片胸围变瘦时，各片应减去相同量。将计算值加宽在每片原型的袖窿深点处，由加宽点向下画竖直线至底边。有些款式因结构造型需要前、后片互借2cm左右。还可以在胸宽线向前中心线4.5cm左右，背宽线向内1cm左右位置设置分割缝至底边，构成三开身六片式结构。

（2）e点的纵向变化规律（图3-5、图3-6）：在胸围横向放缩（肥瘦）之后，还要进行袖窿深点的开深或升高变化，由于升高量是有限的，所以重点研究袖窿深点的开深量变化规律。

合体与半松体服装一般按"4：1比例"开深，即胸围每追加4cm的松量，e点则开深1cm。如果追加6cm松量，则开深为6cm÷4=1.5cm，如图3-5所示。

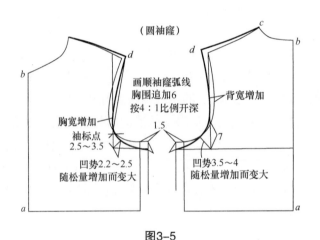

图3-5

松体和特松体服装多按3：1比例开深，也可在4：1和2：1之间选择，如图3-6所示。

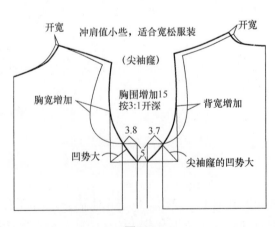

图3-6

说明：男装的前、后袖窿深点总是同时开深或升高。

3.d、e两点之间的胸宽、背宽和冲肩的变化规律

（1）胸宽、背宽的变化（图3-3～图3-6）：服装有紧体、合体之分，肩宽有自然肩、宽肩、落肩之别，因此，胸宽、背宽也随之发生较大变化。紧体与合体度高的衣服，胸宽、背宽几乎不变化或增加极小量。为了舒适性需要，一般除了弹力衫以外，不许缩小胸宽、背宽尺寸。

合体式与半合体式服装的胸宽、背宽可随肩宽尺寸的增加而适当追加0.5cm左右。半松体与松体式衣服的肩宽与胸围松量增加较多时，胸宽、背宽尺寸也需相应增大。胸宽、背宽的增加量不必生搬硬套比例公式，只要确定好肩宽，再根据标准冲肩值来确定新的胸宽线和背宽线即可。

（2）冲肩值的确定与变化：根据人体体型及多数服装造型的要求，应使前冲肩值大于后冲肩值，西装、制服等合体度要求高的服装，前冲肩值=3.5～4.7cm，后冲肩值=1～2.5cm，该值被称为标准冲肩值。衬衫和休闲装等款式的前冲肩值可小些，为2.5cm左右。

由于人体体型和服装的肩型有一定的差别，因此，在满足肩宽和胸围规格等条件下，适当地调整胸宽、背宽，必要时可以结合撇胸结构，设计出标准冲肩值，使肩部袖窿的造型挺拔。

4.绘制新的袖窿曲线（图3-3～图3-6）

在完成肩端点、袖窿深点、胸宽、背宽和冲肩的变化之后，就可以根据款式的袖窿底凹势要求将图中各个结构点连接，形成新的袖窿曲线。

（1）袖窿底部角分线长度（凹势）的确定：合体袖对应的袖窿底部呈圆形，亦称圆袖窿。前凹势以角分线长2.3～2.5cm为宜；后凹势以前角分线长加1.5cm左右为宜。半松体袖或松体袖多以尖袖窿为主，确定角分线的长度宜大不宜小，画顺成美观的子弹头形即可，如图3-6所示。

（2）两片式圆装袖的前袖标点的确定：西装类款式的胸围规格不论大小，都可以采用胸宽线与新胸围线（BL）交点向上2.5cm或3～3.5cm为前袖标点a，如图3-5所示。

（3）测量袖窿曲线。将软尺边竖立起来，从前肩端点沿着袖窿曲线（净印）测量至后肩端点，有省量的要扣除，记下袖窿总弧长AH或前/后AH的尺寸。

第三节　袖子原型的应用方法及变化规律

一、袖山高与袖根肥、肩宽之间的关系

袖山高是制约袖型的关键，在袖山斜线长度不变的条件下，袖山越高，袖根越瘦；袖山越低，袖根越肥。常用的袖山高度有高、中、低三种。合理的高袖山与合体肩线及圆袖窿组合构成挺拔圆润的袖型（见本书各种西装袖）。中袖山与合体肩（或中落肩）及圆袖窿（或尖袖窿）组合，构成了半宽松袖型（参见图4-50等）。低袖山与大落肩或中落肩及尖袖窿组合构成宽松袖型（参见图4-42等）。由此定性分析可知，袖山高与肩宽、袖肥及袖窿的短粗

或细长等形态密切相关。

通过大量实践还证明，袖山高与袖窿纵横比率还存在对应的造型组合关系。为了在应用中有据可依，有数可查，将上述关系定量化。

在应用中各种款式的圆袖窿大致保持着原型袖窿的纵横比（1.3：1）~（1.7：1），袖山高尺寸可在 $\frac{7.8e}{10}$ ~ $\frac{8.6e}{10}$ 范围内选择（e：袖窿深均值）。尖袖窿的纵横比率变化较大，袖山高尺寸也随之有较大的变化，袖山高最低值可在 $\frac{2e}{10}$ 左右。在袖窿的纵横比率中，1.3：1是圆袖窿纵横比率最小值，5.5：1是尖袖窿比率的最大值，可根据款式的袖型要求选择具体的袖窿纵横比率。

各种袖山高公式及其对应的袖窿比率见表3-1。

表3-1　袖山高公式及其对应的袖窿纵横比率

袖山高公式 序号	高袖山	袖窿 纵横比率	中袖山	袖窿 纵横比率	低袖山	袖窿 纵横比率
1	$\frac{7.8e}{10}$ ~ $\frac{8e}{10}$	1.3：1 ~ 1.5：1	$\frac{5e}{10}$ ~ $\frac{6e}{10}$	1.6：1 ~ 3：1	$\frac{2e}{10}$ ~ $\frac{3e}{10}$	3：1 ~ 5.5：1
2	$\frac{8.1e}{10}$ ~ $\frac{8.3e}{10}$	1.5：1 ~ 1.6：1	$\frac{6e}{10}$ ~ $\frac{7e}{10}$	1.7：1 ~ 3：1	$\frac{3e}{10}$ ~ $\frac{4e}{10}$	3：1 ~ 4：1
3	$\frac{8.4e}{10}$ ~ $\frac{8.6e}{10}$	1.6：1 ~ 1.7：1	$\frac{7e}{10}$ ~ $\frac{8e}{10}$	1.8：1 ~ 3：1	$\frac{4e}{10}$ ~ $\frac{5e}{10}$	3：1 ~ 4：1

二、袖山高公式的应用规律

在本书第三章至第五章的各款纸样设计中列举了许多圆装袖西装、一片袖便装或衬衫及插肩袖大衣等，它们具有不同的肩袖造型效果。例如，图4-1的衬衫等，图4-11、图4-15的西装等，图4-55、图4-65的插肩袖便装和大衣等三类服装纸样，分别选取了 $\frac{8.3e}{10}$ 左右、$\frac{7e}{10}$ 左右、$\frac{2.5e}{10}$ ~ $\frac{3.2e}{10}$ 为高、中、低袖山深数值。从上述效果图和袖纸样结构中，可以观察到袖山越低，袖底缝越长（一片圆装袖的前袖缝），则袖型宽松不挺拔；反之袖型健美挺拔。在款式的造型和纸样结构设计中，不能简单地评论袖型的美与丑、挺拔与宽松，因为只要袖型的各种形态与衣身造型构成整体的协调或统一，就有可能产生预期的造型美感。

三、圆装两片袖原型的应用及变化规律

圆装两片袖是为配合合体度严谨的西装、外衣、大衣而设计的袖型，对袖山高和袖肥等主要结构及袖山与袖窿的吻合程度要求很严格。由于各种圆装袖服装不论是变肥还是变瘦，基本都与原型保持相似形的同步变化，即必须依据变化后的衣身和袖山吃势及吻合原理进行衣袖纸样设计，这种方法适合各种规格的纸样设计，因此，本书中一些圆装袖款式的纸样中省略了袖纸样，均以本章中两片袖纸样设计方法为依据进行设计。

中国衣身圆袖窿的变化规律可参照图3-5，两片圆装袖纸样的结构变化规律如图3-7、图3-8所示。

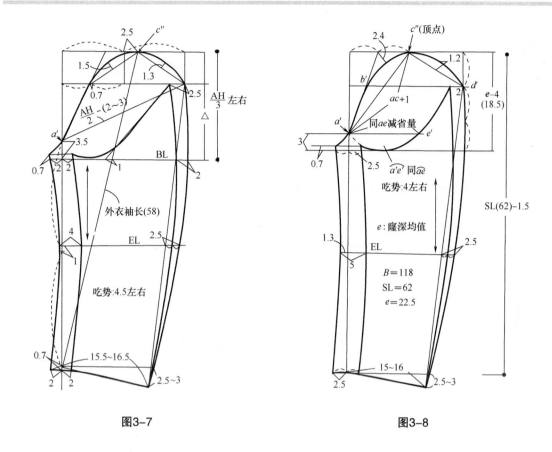

图3-7　　　　　　　　　　　　　　　图3-8

图3-7是文化式袖原型应用，图3-8是中国式袖原型应用，两种袖原型应用衣身袖窿结构密切相关，这里不再赘述，详见第二章内容。关于袖原型的应用与变化，请将图3-7、图3-8与图2-2、图2-3、图2-12作比较，则可发现图中的各种结构都有"放大的相似形"变化，主要体现在深、肥、宽、高四方面。值得提出的是：圆装袖底部袖标点a′的高度、前偏袖的宽度分别少量增加，其原理来自于新款式衣身袖窿该对应部位的凹势既角分线长度适当增加，它与衣身追加松量成正比。总之，在应用中不必拘泥于数据，只要遵循袖底部位结构与袖窿对应部位吻合的原理，一切问题则迎刃而解。

第四节　原型法男装纸样综合设计方法实例

前面阐述了男装原型中主要结构部位的变化方法及变化规律，为款式纸样设计提供了基础理论指导，为了说明该规律具有实用性和科学性，本节选择不同品类的四件上装款式，说明男上装原型法纸样综合设计的方法及其规律。

制图依据：

（1）具有符合体型要求的衣身原型和款式效果图。

（2）服装各部位的结构设计方法与原理。

（3）原型应用中的结构变化方法及其规律。

制图程序：

（1）认真分析款式效果图的廓型、功能、结构及比例特征；确定款式的成品规格和细部规格；画出符合人体比例和服装结构比例的款式图，为绘制结构图和纸样打下基础。

（2）后衣片→前衣片→配领→配袖→零部件。

（3）基本线→轮廓线→内部结构。

一、男平驳领两粒扣西装纸样设计方法（图3-9）

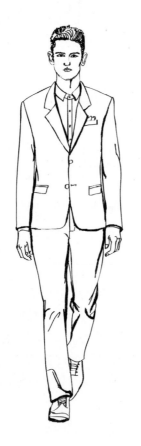

图3-9

（一）制图规格（表3-2）

表3-2　　　　　　　　　　　　　　　　　　　　　　　　单位：cm

原型	号/型	背长	胸围（B）	总肩宽（S）	服装	后衣长	前衣长	胸围（B）	总肩宽（S）	袖长（SL）
	180/96A	44	114	46		78	78	114	47	60

（二）制图步骤与方法

（1）采用腰围线对齐法复描原型：使原型前后中线的距离为"$\dfrac{\text{成品胸围}}{2}$（57cm）+省宽（2.5cm）+前后衣片间隙（1cm）+后背缝劈势（1cm）"=61.5cm，即将前后原型拉开4.5cm的距离而复描。

（2）腰中点（a点）变化决定衣长尺寸：前后a点各加出衣长尺寸34cm，前a点处另追加"前下垂"2.5cm。这样做满足西服门襟造型的同时，符合人体胸腹部凸势的需要，使衣服下摆呈水平圆或前门襟下摆略长些，达到美观的效果。

（3）领口中点（b点）变化决定领口深度：后b点通常不变化，但驼背体和挺胸体的衣服应适当做升降变化。前b点经常变化，尤其是驳领类款式，前b点会随驳头串口线高低设计而变化。驳领的前领口形状通常是在配领时绘制。

（4）肩领点（c点）变化改变衣服肩领点位置：原型中c点对应于人体颈肩点，而西服肩领点必须与颈肩处有一定空隙，以0.8~1cm为宜，前后c点的开宽量相等，将后c点向左水平移动，前c点一般在肩斜线上移动。通常前后c点的开宽量相等，但内套衣服较厚或驼背体时，后c点开宽量应比前c点多0.5cm为宜。

（5）肩端点（d点）位置的变化形成新的肩端点，然后连接新的c、d两点成为小肩线。后d点位置是以$\dfrac{S}{2}$确定的（S是衣服总肩宽尺寸），新的后小肩线一般平行于原型小肩线，其目的是不改变肩斜线角度。而前d点需做升高处理（无垫肩时可不变化），总升高量=0.8h（h：垫肩有效厚度，本款h=1.3cm，总升高量=1.04cm）。前小肩线比后小肩线短0.7cm左右，使后肩线有吃势，以满足肩背部形态的造型需要。

（6）袖窿深点（e点）变化改变袖窿深和胸围尺寸：本款e点不做变化，即衣服的胸围尺寸与原型胸围尺寸相同时，通常不做变化，尺寸有变化时可适当升降e点。

（7）绘制袖窿曲线：先确定胸宽、背宽的放宽量，然后按照前后衣片的拐点4.5 cm和6~7cm，凹势2.3cm和3.5cm，及图示方法画顺袖窿曲线。

（8）绘制门襟、驳口线、驳领：根据驳领形状和占人体比例绘制。开门大=0.8×领座高=0.8×2.7≈2.2cm，连接驳领头止点和新c点的直线为驳口线。开门大=c'c"。

（9）配领：配领的关键是确定翻领松量。以长边领座高（2.8cm）+翻领宽（3.8cm），短边"1.5~1.8（b-a）"画直角三角形，其斜边为领底线。在领底线上测出后领口弧长尺寸，画后领中线，确定领座高2.8cm，翻领宽3.8cm，二者之和为后领宽总尺寸。按照前领宽=3.7cm，驳领宽4cm，领缺嘴的角度略小于90°，领外口前端略凹，而绘制领型，直至满意为止。按图示要求画出方领口。

（10）绘制圆门襟底边线、后背线、侧缝线等。

（11）绘制内部结构，口袋、省缝、扣位等。

（12）配袖：本款式选择圆装两片袖。测量新的袖窿曲线长AH值（扣除省量2.5cm）。袖山高=$\dfrac{8.2e}{10}$（e为窿深均值），使袖山吃势4.5cm左右。袖子制图方法可参照图3-7、图3-8。

衣片纸样设计如图3-10所示。

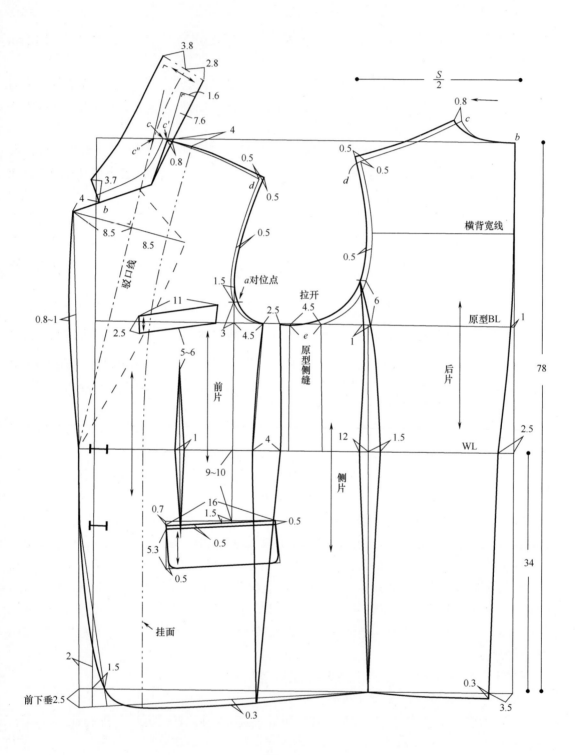

图3-10

二、男衬衫纸样设计方法（图3-11）

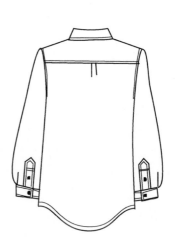

图3-11

（一）制图规格（表3-3）

表3-3　　　　　　　　　　　　　　　　　　　　　　　　　单位：cm

原型	号/型	背长	胸围	总肩宽	全臂长	服装	后衣长	前衣长	胸围(B)	总肩宽(S)	袖长(SL)	领围(N)
	175/92A	43	110	45	57		82	78	107	45.7	64	40

（二）制图步骤与方法

（1）采用腰围线对齐法复描原型。

（2）腰中点变化：腰节线向下加放"背长-4cm"，腰节线向下加放"背长-8cm"，使得前身比后身短4cm。因为人体前屈幅度大于后屈，这样设计可保证后摆在运动中符合人体需求，圆形摆设计也是出于该目的。

（3）领口中点和肩领点的变化：男衬衫的领围尺寸通常有规范化的要求，因此前后领口宽和领口深尺寸采用领围的比例公式设计更合理。后领口宽=$\frac{2N}{10}$-0.6cm=7.4cm，前领口宽与后领口宽相同，衬衫领口比西服领口窄1.3cm左右，目的是与西服搭配穿着时，领座能够露出2cm以上。前领口深度是在领口中点的基础上下降1cm，使领座不卡颈部。

（4）肩端点变化：后肩端点升高1cm，目的是弥补过肩在袖窿处去掉的0.8cm。前肩端点升高0.5cm，后肩端点延长0.2cm左右，测量出后小肩线长度，使前、后小肩线长度相同。

（5）袖窿深点（e点）变化：横向前片e点减少1.5cm，后片e点不变，使胸围总松量为17cm，这是合体式衬衫具有的标准松量。纵向e点不变化，为配合西装袖窿设计合体式袖窿深尺寸。

（6）小肩线和过肩线：小肩线为直线状，前、后小肩线长度相等，根据男衬衫程式化要求，要通过"过肩"结构拼除前、后小肩线。过肩的宽度根据后领口深点至背宽横线的$\frac{1}{2}$比例计算或略加宽些。

（7）袖窿曲线：在袖窿下部适当加放胸、背宽1cm左右，然后由上至下画顺袖窿曲线。

（8）领口：关门领型可绘制圆领口。

（9）门襟：前中心线处设计3.5cm宽的明贴边。

（10）圆下摆、侧缝线、后中心线等：该衬衫穿着时下摆收束在裤子内部，因此侧缝下端比胸部收缩量大些。后中心线处留出2.5～3cm的明褶量，使手臂前屈运动自如。

（11）内部结构：左胸袋、扣位。

（12）配领：

①领座的上口线与翻领的下口线大致吻合，使领上口贴合自然，翻领比领座长0.3cm左右，在颈肩点处留有吃势，使翻领的穿着效果自然帖服。

②领座底线前端上翘1cm，且弧线圆顺，大致与前领口吻合，使领前端与颈部有较好的贴合度；领座底线后端有翘势0.5～1cm，由于后领座与后领窝的轻度逆向作用，使领口略向外荡开，而产生舒适感。总之，领座底线是按照"前补后逆"关系设计的。

③领宽度是根据衬衫与西服搭配穿着时，领座须露出2cm左右而确定的，后中心处翻领应比领座宽出0.8～1.3cm，使之不露出领座。

④领尖角的造型可依据流行和款式要求而设计。

（13）配袖：选择圆装一片袖。袖山高=10.5cm（按$\frac{4.5e}{10}$设计，e表示袖窿深均值），属于低袖山。本款衬衫的结构与松量比较严谨，适合做西服的内衣穿着。而作为外衣穿用的便装衬衫，整体结构应比本款更宽松些，例如胸、臀放松量可在22～28cm之间选择；领口可宽些，直接采用原型领口宽度，前领口开深1～1.5cm；袖窿深度也相应增加，按3∶1的比例开深袖窿。下摆、袖子、袖头、领角、口袋等都可依据流行和个人喜好而设计。衣片和袖纸样设计如图3-12所示。

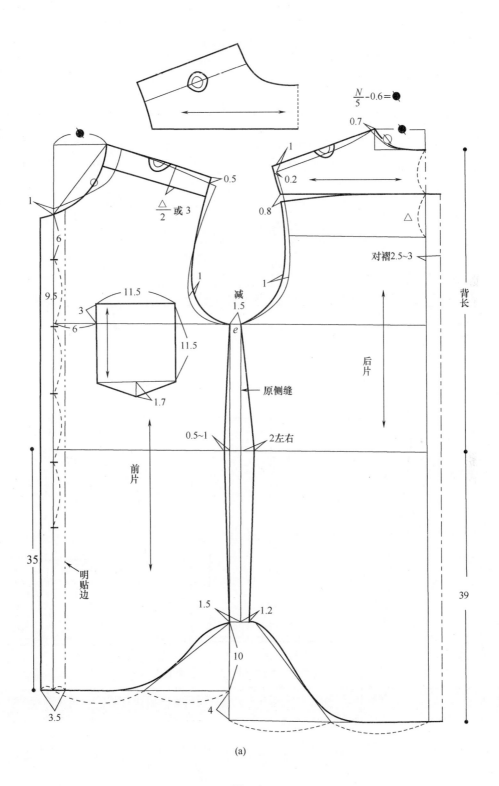

(a)

图3-12

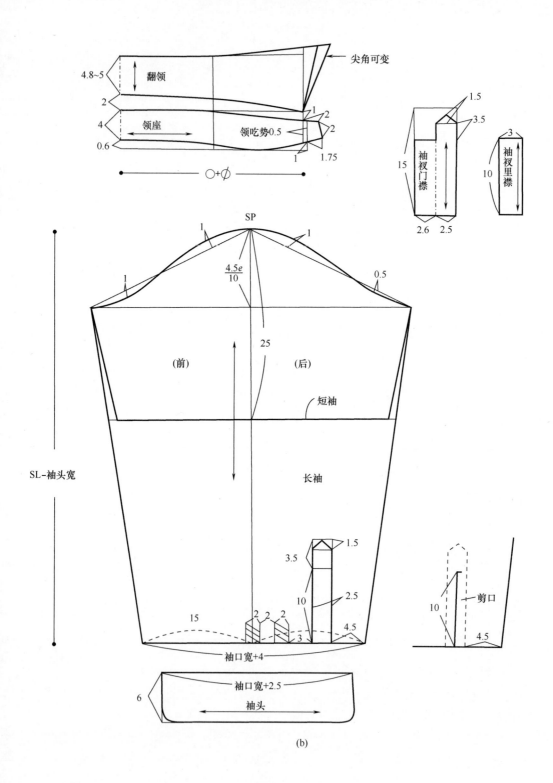

4.8~5 翻领

2

4 领座

0.6

尖角可变

领吃势0.5

1

2

2

1

1.75

○+∅

1.5

3.5

15 袖衩门襟

2.6 2.5

3

袖衩里襟

10

SP

1

1

1

$\dfrac{4.5e}{10}$

0.5

25

（前） （后）

短袖

SL-袖头宽

长袖

1.5

3.5

10

2.5

15

2 2 2

3

4.5

袖口宽+4

10

剪口

4.5

袖口宽+2.5

6 袖头

(b)

图3-12

三、男插肩袖大衣纸样设计方法（图3-13）

图3-13

（一）制图规格（表3-4）

单位：cm

表3-4

原 型	号/型	背长	胸围	总肩宽	服 装	后衣长	前衣长	胸围 （B）	总肩宽 （S）	袖长 （SL）
	175/92A	43	110	45		110	112	116	47.5	64

（二）制图步骤与方法

（1）.采用腰围线对齐法复描原型（亦可独立绘制前、后衣片），这种方法使得后腰节大于前腰节一个后领口深尺寸，满足正常体型。

（2）腰中点（a点）变化：向下加放衣长67cm，画出下摆线。确定前片搭门宽3.5cm画止口线，领口处有撇胸1cm。

（3）领口中点（b点）变化：前、后b点不变化，适合正常体型的开关两用翻领，由于前领口较高，而保暖性好。

（4）颈肩点（c点）变化：后领口开宽1cm，前领口宽同后领口宽尺寸，按图示方法确定新的前肩领点。

（5）肩端点（d点）变化：后d点的升高量是以"后小肩缝平行于原型后小肩缝"为原则的。前d点的升高是以"垫肩的有效厚度0.8h"为原则而设计的，如果h=1.3cm，前d点则升高1cm。连接新的肩领点与肩端点为小肩宽。

（6）袖窿深点（e点）变化：e点横向变化使后片加宽3cm，前片加宽1.5cm，确定新的胸围大点，共追加胸围8cm。引画侧缝线与底边线的基本线。e点纵向变化使前、后片袖窿各加深3.5cm（袖窿纵横比例约2.3：1），确定新的袖窿深点。

（7）绘制暗门襟和领口并配领，领型为翻领，采用挖领座结构。

（8）绘制底边线、侧缝线和后中心线等：侧缝线是以四开身结构为基础，将后身借给前身7cm，而构成三开身结构。

（9）设计衣身、袖公用的分割线和袖窿弧线，并以此作为插肩袖的基础造型线。

（10）设计袖中线角度：袖中线角度指肩端点处水平线与袖中线的夹角度数。设计袖中线角度是插肩袖结构的关键，该角度的设计应考虑前、后袖的贴体程度，前袖应贴体美观，腋下无斜向褶纹，而后袖既要美观又要考虑舒适性。实践证明：前袖袖中线角度45°～55°，后袖40°左右，可达到该目的。为制图方便，可采取等边三角形底边中线升或降0～1cm和升0.5～1cm的方法，绘制前、后中心线。

（11）设计袖山高：影响插肩袖贴体程度的另一个重要因素是"袖山高尺寸"的确定，通过多例实验证明，为了袖型舒适，插肩袖的袖山高应低于圆装袖的袖山高，因为它属于连身袖结构，没有装袖吃势。所以应根据款式的贴体程度来确定相适应的袖山高尺寸。将"前、后袖窿深均值"用"e"来表示，则合体式插肩袖的袖山高为 $\left(\dfrac{7.5}{10}\sim\dfrac{8}{10}\right)e$，半合体式为 $\left(\dfrac{7}{10}\sim\dfrac{7.4}{10}\right)e$，松体式为 $\dfrac{6e}{10}$ 左右，本款选择 $\dfrac{7e}{10}$。袖山高线垂直于袖中线。

（12）确定袖长和袖口宽：在袖中线上截取袖长=基本袖长（全臂长尺寸）+7cm=64cm，使袖口线位于手背中间，也可根据款式需要截取袖长。引画袖口基础线，使后袖口宽比前袖口宽大2cm左右。

（13）确定分割线的袖标点（即拐点），画袖山弧线，使袖山与袖窿的长度与曲率相吻合。

（14）画袖侧缝，使前、后侧缝的长度及凹势相同，调整袖口形状。

（15）绘制袋口、扣位等。

（16）调整各细部结构，画顺轮廓线。

纸样设计如图3-14所示。

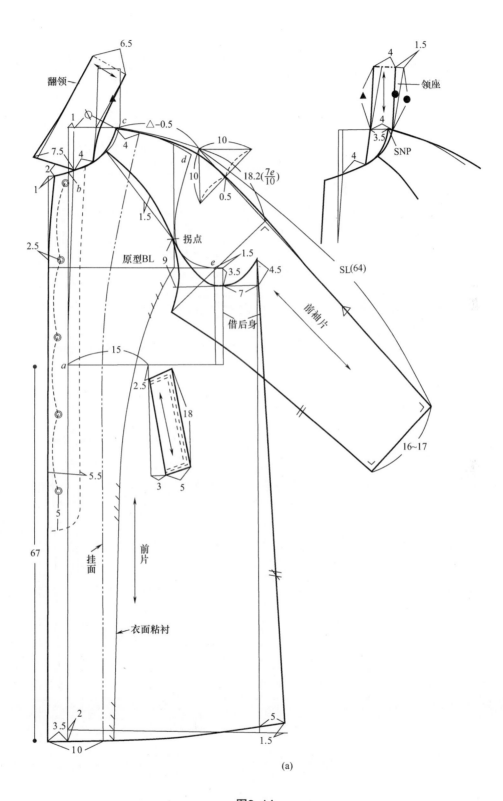

图3-14

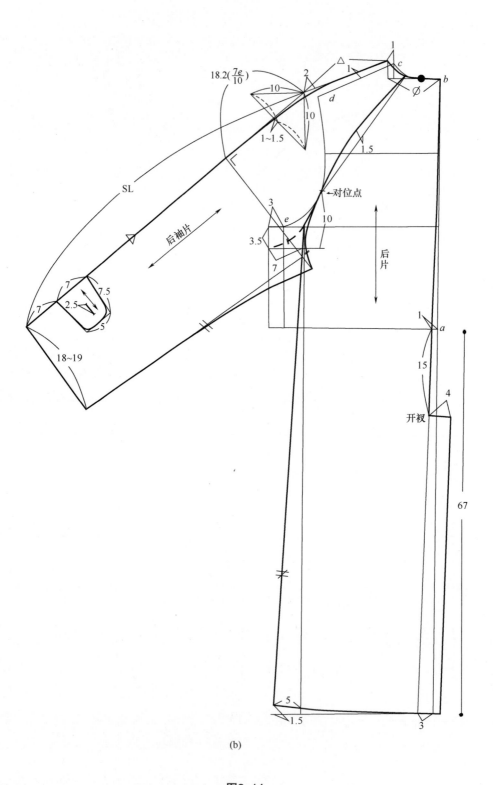

(b)

图3-14

四、男轻便装纸样设计方法（图3-15）

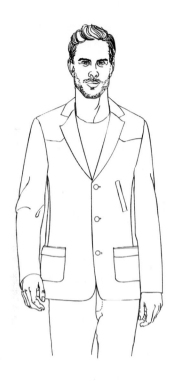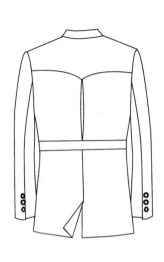

图3-15

（一）制图规格（表3-5）

表3-5　　　　　　　　　　　　　　　　　　　　单位：cm

原型	号/型	背长	胸围	总肩宽	服装	后衣长	前衣长	胸围(B)	总肩宽(S)	袖长(SL)	袖口
	180/96A	44	114	46		79	81.5	114	47	60	16

（二）制图步骤与方法

（1）采用腰围线对齐法复描原型。使原型前、后中线的距离为"$\dfrac{\text{成品胸围}}{2}$（57cm）+省宽（2cm）+前、后衣片间隙（1cm）+后背缝劈势（1cm）"=61cm，即将前、后原型拉开4cm的距离而复描。

（2）腰中点（a点）变化。男装衣长规格在国际上通常以后衣长为标准，在纸样设计中有两种确定方法，一是原型法，由a点向下追加需要的补充量，如前述几种款式。二是直接法，即由后b点（后领口中点，第七颈椎点）向下直接测得后衣长尺寸以"$\dfrac{\text{颈椎点高}}{2}$"或"加少量调节数而成"。本款采用第二种方法。

（3）领口中点（b点）变化方法如图3-16所示。

（4）颈肩点（c点）方法如图3-16所示，前、后c点开宽0.7cm，后c点升高0.5cm。如果内套衣服较厚，前c点还可升高0.5cm左右。

（5）肩端点（d点）变化：绘制小肩线，方法如图3-16所示。

（6）袖窿深点（e点）变化：本款e点不变化，如果内套衣服略厚，可开深1cm左右，然后按原型袖窿底部结构点（a'：袖标点）与结构线形状（凹势）描画。

（7）绘制袖窿曲线方法如图3-16所示。

（8）绘制门襟、驳口线、驳领：该款式为单排三粒扣平驳领圆门襟结构，驳头较高，在胸围线附近，也有更高的式样，可由胸围线升高8cm左右，驳领宽窄一般可在6~8cm之间变化，制图方法如图3-16所示。

（9）配领方法如图3-16所示。

（10）绘制圆门襟底边线、后背线、前/后侧缝等。

（11）绘制内部结构：可拆卸轻便型服装内部结构较复杂，前复肩形状及大小应恰到好处，长度略小于前腰节的$\frac{1}{2}$，可拆卸或固定的均可。后复肩在袖窿处设省0.5cm，呈扁V字形，长度不要超过背宽横线。后中腰附加一个固定式装饰腰带。

前衣身有对称的四个口袋，呈粗犷豪放感。有袋盖的圆角大贴袋位置：前袋角由腰围线向下7cm，距离前中心线8.5cm。袋口宽21cm，袋深26cm，袋盖宽9cm，整体袋型协调美观。腰部以上的斜单嵌条挖袋有插手功能，长度不能太小。扣位：第一粒扣与驳领止点平齐，末粒扣大致在袋盖宽度的中间。

（12）配袖：选择合体的圆装两片袖纸样。测量新的AH值（扣除省量2cm），选择袖山高$=\frac{8.2e}{10}$左右，使其与立体袖窿深相匹配，袖山吃势为2.5~4cm左右即可，袖纸样设计参见图3-8。

纸样设计如图3-16所示。

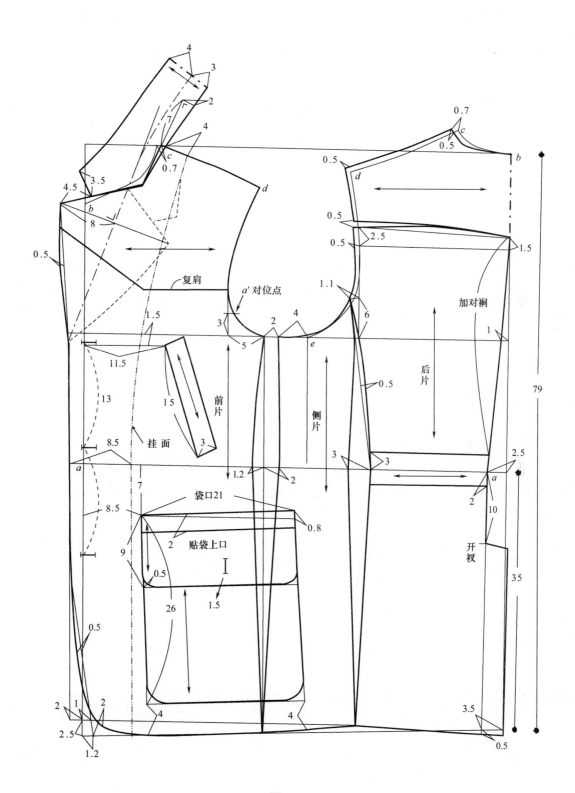

图3-16

第四章　原型法男装纸样设计综合设计36例

第一节　男衬衫纸样设计

衬衫，顾名思义，"衬"字为"里面"之意，"衫"字指单上衣，组合起来表示内衣。但随着现代服饰文化生活的日益发展，衬衫的使用范围逐渐扩大，它既可以作为内衣与西装等搭配，也可以作为外衣独立穿着。根据不同面料的性能、质地、色彩及不同的用途，可以将衬衫设计成日常装、运动装、便装、礼服和单衬衫或夹棉衬衫。衬衫款式十分丰富，其领型、袖型、衣身、门襟、分割线等部位均可灵活变化。男衬衫主要分为两类，即礼服衬衫与便装衬衫，礼服衬衫是真正作配套内衣的衬衫类型，要求同西装等外衣有一定的搭配关系，结构较为严谨合体。便装衬衫款式较休闲，可独立穿着。

一、平摆衬衫

（一）款式特点

衬衫主体结构是采用了H型平下摆。翻驳领或装领座均可。采用圆装一片长袖，袖口处有宝剑头式或条形袖衩，装袖头，也可做成短袖。左胸贴袋，有过肩，单排六粒扣，外贴边缉明线式明门襟或内折贴边门襟均可（图4-1）。

图4-1

此款式可与西装配套，也可独立穿着。胸围放松量为14～18cm。各种薄型或中厚型优质纯棉、涤棉面料均可。

（二）制图规格（表4-1）

表4-1　　　　　　　　　　　　　　　　　　单位：cm

原型（175/92A）	背长	胸围	总肩宽	颈根围	全臂长	服装	追加尺寸				成品尺寸					领围、补袖口围	
							后衣长	前衣长	胸围	后肩宽	后衣长	前衣长	胸围（B）	总肩宽（S）	袖长（SL）	领围（N）	袖口（CF）
	43	110	45	41	57		33	35	-3	0.3	76	78	107	45.6	60	43	27

（三）款式变化

平摆衬衫是男衬衫基本型，可从以下方面进行变化，得到不同款式。

（1）放松量：可根据不同用途适当增减胸、腰、臀部的放松量，可选择不同的放松量设计合体型或半合体、松体型衬衫。

（2）下摆：除平摆外还可设计前、后同长或前短后长的圆摆等多种形式。

（3）袖窿深：根据胸围松量的大小及内、外衣用途，适当地开深袖窿。

（4）总肩宽与袖山高：肩宽有合体型（原型肩端点不加放或放极小量），半松体型（肩端点加放2cm），松体型（加放3cm以上，大落肩式），分别与高、中、低袖山配合。

另外，口袋的位置和形状可以改变；领尖角和领型可变化，立领、翻领（一片或两片）是衬衫常用领型；袖衩和袖头也可以变化出多种形式，但要注意整体的协调统一。

（5）面料可选择精纺纯棉细布、府绸、涤棉细布、水洗布、细条绒、薄型呢绒等。

衣身纸样图如图4-2（a）所示，袖、领纸样等如图4-2（b）所示。

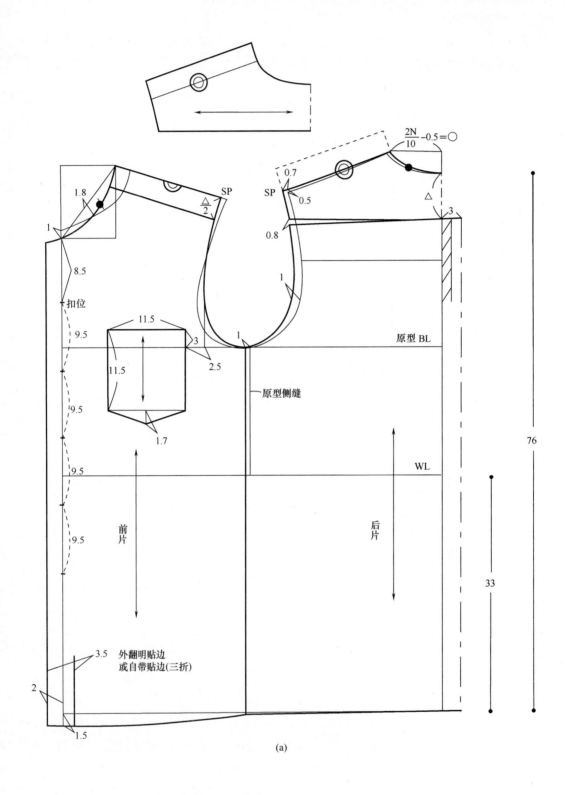

(a)

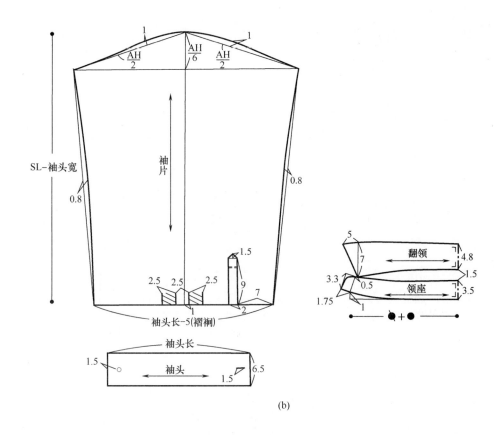

(b)

图4-2

二、尖角形过肩式衬衫

（一）款式特点

尖角形过肩式衬衫以圆摆衬衫结构为基础，将过肩的横向分割线变化成尖角形。贴袋上搭配尖角形袋盖，同时加长领尖，使整件衣服既统一又美观。此款适合做外衣化衬衫。选用斜纹粗棉布或牛仔布，用粗丝线缉明线（图4-3）。

图4-3

（二）制图规格（表4-2）

表4-2　　　　　　　　　　　　　　　　　　　单位：cm

原型（170/90A）	背长	胸围	全臂长	服装	追加尺寸			成品尺寸				
					后衣长	前衣长	胸围	后衣长	前衣长	胸围（B）	总肩宽（S）	袖长（SL）
	42	108	55.5		33	33	−5	75	75	103	45	57

衬衫纸样如图4-4所示。

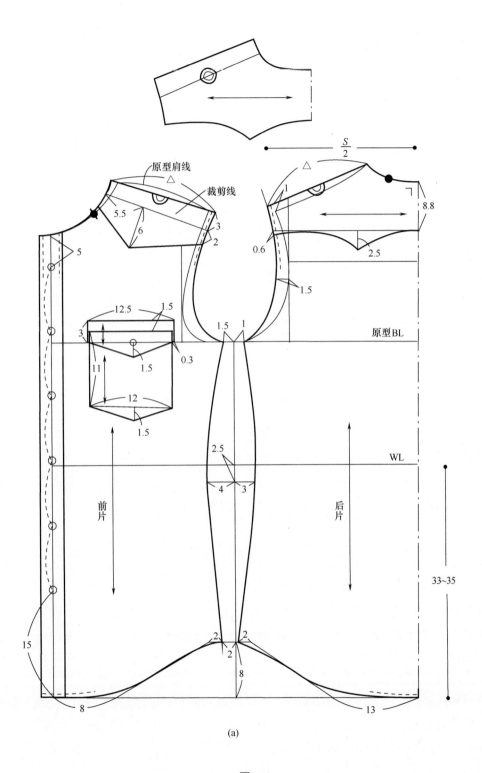

原型肩线

裁剪线

5.5

6

3

2

5

原型BL

12.5

1.5

3

0.3

11

1.5

1.5

12

1.5

1.5

1

前片

WL

后片

2.5

4

3

$\dfrac{S}{2}$

8.8

0.6

2.5

1

1.5

15

2

2

2

8

8

13

33~35

(a)

图4−4

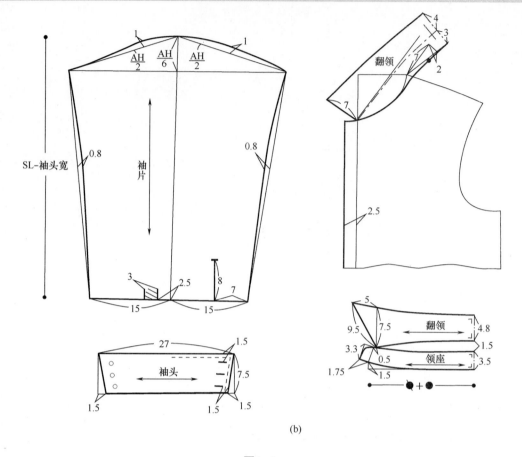

(b)

图4-4

第二节　正统西装和轻便型西装纸样设计

　　西装是服装中的一个大类品种，近年来广为流行，其款式和用途千变万化，按风格不同可归纳为两类，即正统西装和轻便型西装。

　　正统西装通常配套着装，与同质地长裤形成两件套，加上同质地西装背心则形成三件套。精湛的工艺塑造出笔挺的风姿及典雅庄重的风格，同时需要选择质量上乘的精纺纯毛面料或毛混纺面料。正统西装主要用于社交、婚礼等正式场合。如果选择普通面料和简单工艺，如各种挺括的优质棉布、牛仔布或新型混纺面料，可制作出休闲风格的轻便型西装。

　　正统西装的款式主要有单排两扣圆襟、双排四或六扣直襟的平驳领、戗驳领等，驳头的高低、宽窄及袋型的有无，袋盖等细节可随流行而适当变化。其中，单排两粒扣圆襟西装集中了正统套装结构的共性特点。其他各种款型纸样不论怎样变化，都不会脱离这一基本结构框架，因此，掌握单排两粒扣西装纸样的结构设计原理是很有意义的。纸样设计可参考第三章第二节的图3-9和第四章第二节的图4-22等。

　　轻便型西装与正统西装相比，更加注重塑造活泼、潇洒、随意等风格，适合日常、旅游运动、上班等多种场合穿着。轻便型西装结构可不受任何拘束，只要保留西装的驳领、圆装袖及洒脱的衣身造型即可，其他如袋型、领型、驳头高低、宽窄、分割、附件装饰、纽扣个数、明线缉法等均可自由设计，但须保持整体美感，其特点如下：

（1）以原型结构为基础，选择四开身结构或正统西装的三开身结构，其胸围放松量一般选择14~22cm，腰围通常有收腰和半收腰及直筒式三种选择。三开身结构主要有四片和六片之分，适合塑造收腰合体造型，四开身结构为三片或四片式，适合直筒身的造型。

（2）在三开身和四开身的结构基础上，还可配合多样化的衣身分割线，具有装饰功能的同时也可兼顾塑造形体。如在肩胸部进行横、斜、曲线分割，可构成过肩式样；在袖窿部位实施刀背缝、斜直缝断开；在肩部、领口部位直缝断开，可获得轻盈美观效果。

（3）挖袋、插袋和贴袋等袋型的综合运用，束腰带或假腰带、开背衩或侧开衩、加肩襻、袖襻等形式，改变了正统西装的严谨感。尤其在旅游、外出等活动中更觉轻便型西装贴切适宜。

（4）选料广泛，各种挺括、薄厚适宜的面料均可制作。为了突出结构线，以选择素色（单色）或混色交织料为宜。

一、平驳领五粒扣西装

（一）款式特点

单排五粒扣西装，是以两粒扣西装为基础，采用高驳头多粒扣设计，富有时代感。用精纺素色或深色条纹面料制成（图4-5）。

图4-5

（二）制图规格（表4-3）

表4-3　　　　　　　　　　　　　　　　　　　　　　　单位：cm

原型 (180/96A)	背长	胸围	总肩宽	全臂长	服 装	后衣长	胸围 (B)	总肩宽 (S)	袖长 (SL)
	44	114	46	58.5		78	114	47	60

衣身纸样如图4-6所示，衣袖纸样可参考第三章袖原型图3-7或图3-8。

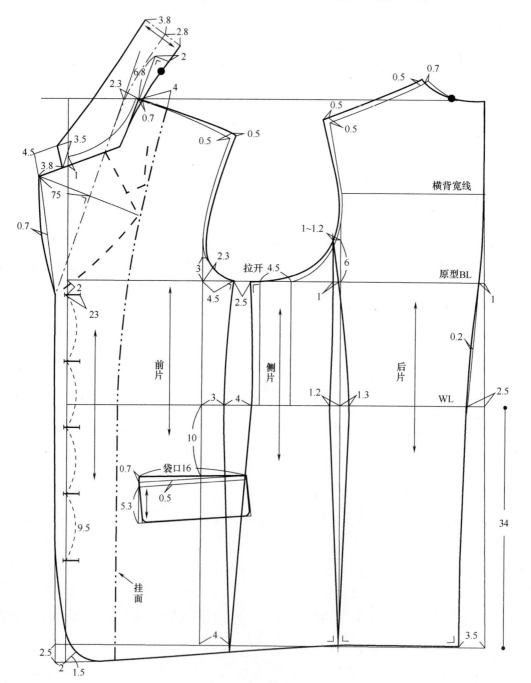

图4-6

二、尖角门襟直筒身西装

（一）款式特点

单排三粒扣，三个双嵌线挖袋，袋口中间夹宝剑头型襻并钉扣，实用美观。尖角形门襟，平驳领、直筒身，适合春秋季内套毛衫穿着（图4-7）。

图4-7

（二）制图规格（表4-4）

表4-4 单位：cm

原型	背长	胸围	总肩宽	全臂长	服装	后衣长	胸围（B）	总肩宽（S）	袖长（SL）
(180/96A)	44	114	46	58.5		78	118	48	65

衣身纸样设计如图4-8所示，衣袖纸样设计可参照图3-8。

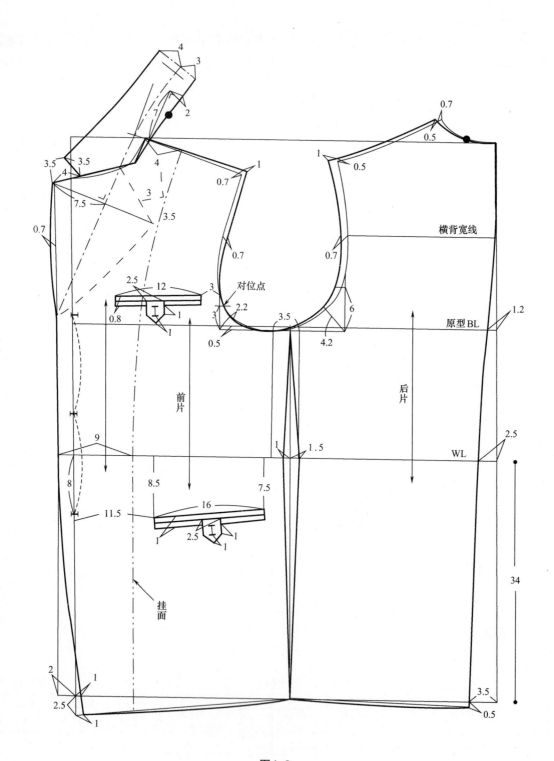

图4-8

三、双排六粒扣西装

（一）款式特点

　　双排扣西装属于古典式服装，有庄重的感觉。采用三开身四片结构，是普通西装、西装大衣的基本结构。领型可变化为平驳领、戗驳领。袋型可变化成西装的手巾袋、有袋盖的挖袋。根据所用面料的不同，可作为轻便装，也可作为礼服（图4-9）。

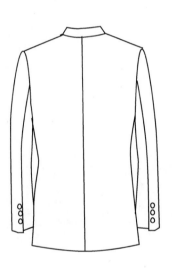

图4-9

（二）制图规格（表4-5）

表4-5　　　　　　　　　　　　　单位：cm

原型 (180/96A)	背长	胸围	总肩宽	全臂长	服装	后衣长	胸围 （B）	总肩宽 （S）	袖长 （SL）
	44	114	46	58.5		78	120	48	62

衣身纸样如图4-10所示，衣袖纸样可参考图3-8。

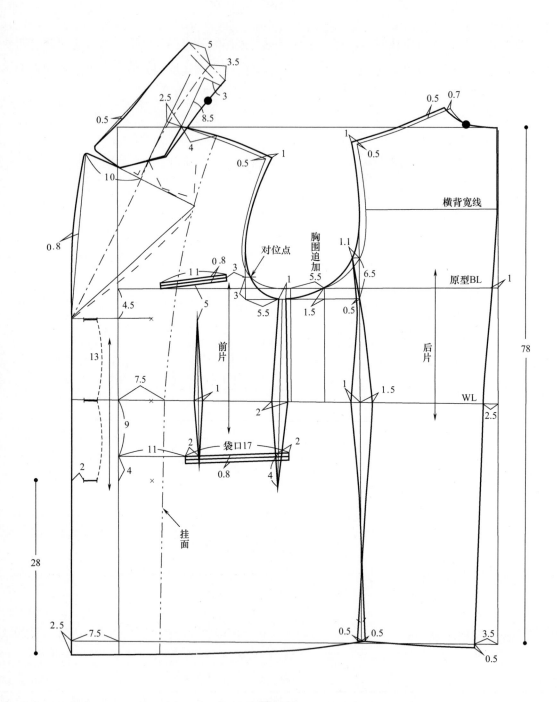

图4-10

四、暗门襟西装

（一）款式特点

　　暗门襟平驳领，两个斜向双嵌线挖袋，三开身六片结构，前后身下方有横向分割缝，后身设背中缝。采用天然皮革或仿皮革制成（图4-11）。

图4-11

（二）制图规格（表4-6）

表4-6　　　　　　　　　　　　　　　　　　　　　　　单位：cm

原型	背长	胸围	总肩宽	全臂长	服装	后衣长	胸围（B）	总肩宽（S）	袖长（SL）
(180/96A)	44	114	46	58.5		78	116	48	62

衣身纸样如图4-12所示，衣袖可参考图3-8。

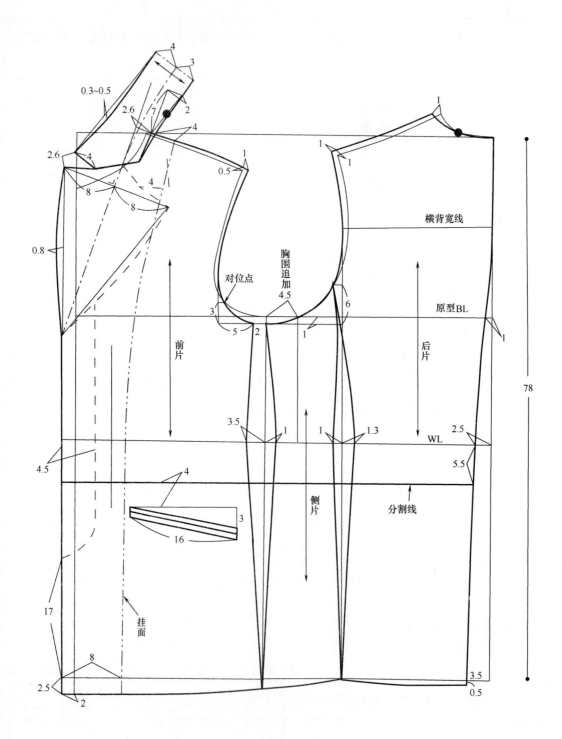

图4-12

五、直筒身暗门襟西装

（一）款式特点

　　暗门襟，两个斜向单嵌线挖袋，两个有袋盖的斜向腰部大袋，后身背下部有宽褶裥。选择混纺华达呢或平纹素色面料（图4-13）。

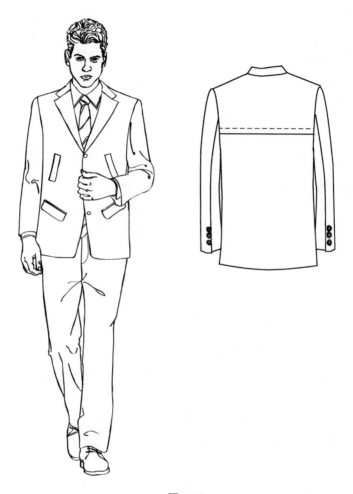

图4-13

（二）制图规格（表4-7）

表4-7

单位：cm

原型	背长	胸围	总肩宽	全臂长	服	后衣长	胸围（B）	总肩宽（S）	袖长（SL）
(180/96A)	44	114	46	58.5	装	79	114	46	62

衣身纸样如图4-14所示，衣袖纸样可参考图3-8。

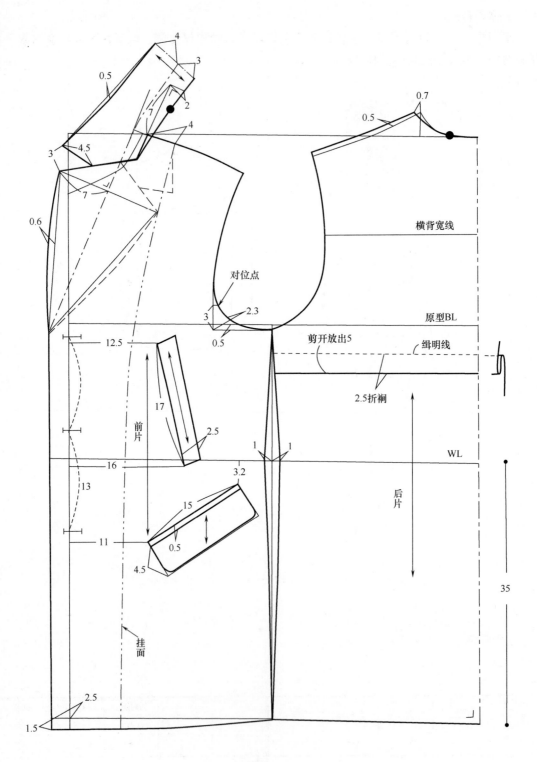

图4-14

六、烟斗形贴袋三粒扣西装

（一）款式特点

　　单排三粒扣，圆角门襟，采用三开身六片结构表现男体曲线阳刚之美，同时在贴袋的形状设计上有其独到之处。领、袋、门襟等部位止口缉粗丝线装饰。选择质地挺括的素色棉质面料最能表达整体美感（图4-15）。

图4-15

（二）制图规格（表4-8）

表4-8　　　　　　　　　　　　　　单位：cm

原型 (180/96A)	背长	胸围	总肩宽	全臂长	服装	后衣长	胸围 （B）	总肩宽 （S）	袖长 （SL）
	44	114	46	58.5		79	112	46	61

衣身纸样如图4-16所示，衣袖纸样可参考图3-7或图3-8。

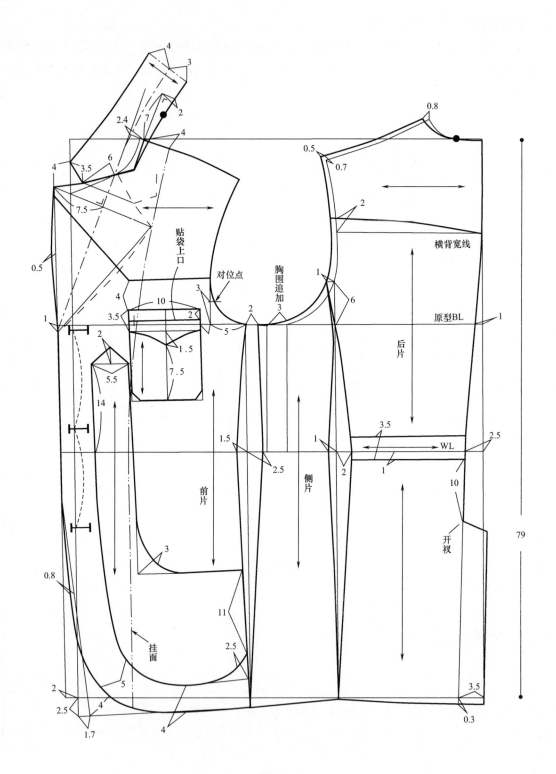

图4-16

七、四贴袋腰带式西装

（一）款式特点

单排三粒扣，圆角门襟，驳领，四个有袋盖的贴袋，腰间束腰带，整体健美轻盈，充满青春活力（图4-17）。

图4-17

（二）制图规格（表4-9）

表4-9　　　　　　　　　　　　　　　　单位：cm

原型 (180/96A)	背长	胸围	总肩宽	全臂长	服 装	后衣长	胸围 （*B*）	总肩宽 （*S*）	袖长 （SL）
	44	114	46	58.5		77	118	46	62

衣身纸样如图4-18所示，衣袖可参考图3-7或图3-8。

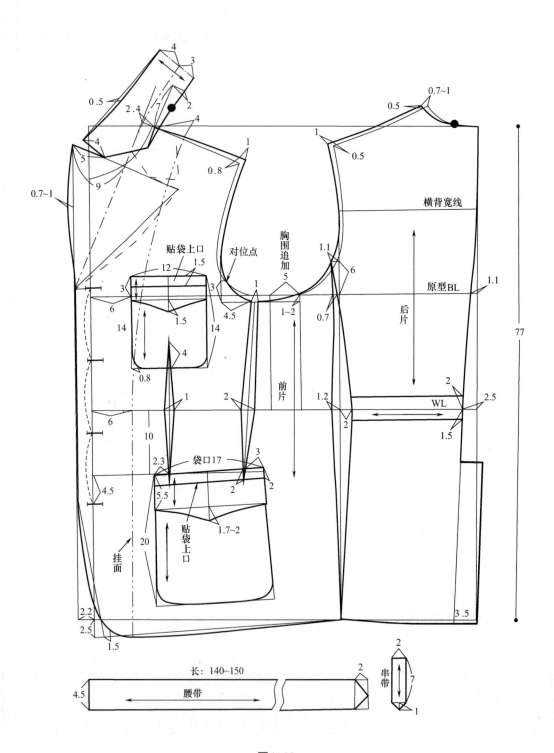

图4-18

八、单排四粒扣立体袋西装

（一）款式特点

单排四粒扣，圆角门襟，四个有袋盖的立体袋，有肩襻，收腰身，猎装式（图4-19）。

图4-19

（二）制图规格（表4-10）

表4-10   单位：cm

原型	背长	胸围	总肩宽	全臂长	服装	后衣长	胸围（B）	总肩宽（S）	袖长（SL）
(180/96A)	44	114	46	58.5		76.5	118.6	48	63

衣身纸样如图4-20所示，衣袖纸样可参考图3-8。

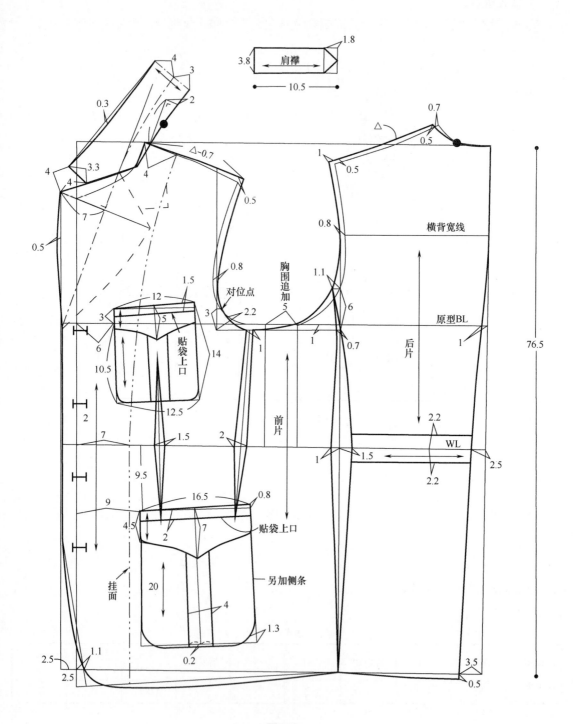

图4-20

九、戗驳领双排扣西装

（一）款式特点

　　双排四粒扣，平下摆，戗驳领，大袋双嵌条装袋盖，左胸手巾袋。胸部略宽松，腰部收量较小，臀部合体，整体略呈V字形。该款驳头的高度、钉扣数量、驳领宽度、领型等均可根据流行趋势进行变化。此款西服宽松舒适，适合各种场合穿着（图4-21）。

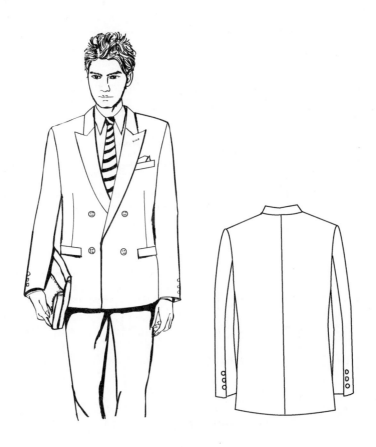

图4-21

（二）制图规格（表4-11）

表4-11　　　　　　　　　　　　　　　　　　　　　　　　　单位：cm

原型	背长	胸围	全臂长	服装	后衣长	前衣长	胸围（B）	总肩宽（S）	袖长（SL）
(170/90A)	42	110	55.5		77	79.5	112	46	59

　　衣身、衣袖纸样如图4-22所示。

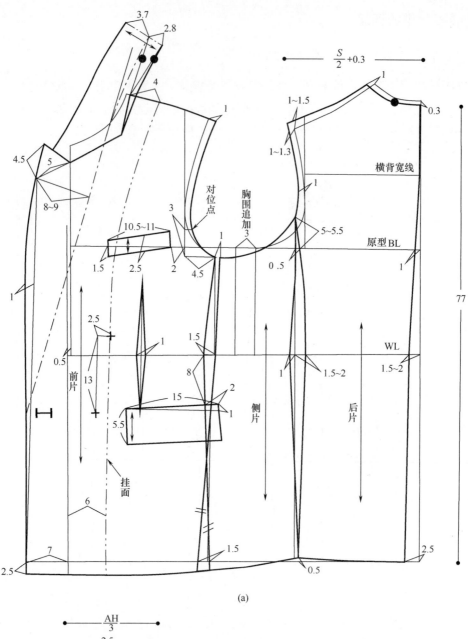

(a)

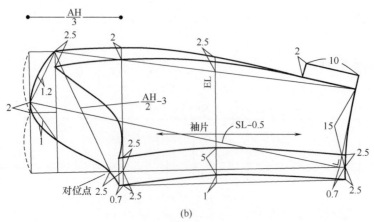

(b)

图4–22

第三节 背心纸样设计

一、单排六粒扣西装背心

（一）款式特点

此款是正式的西装背心款式，通常与西装配套穿用，因此前衣身采用与西装相同的面料，后衣身、腰带、夹里则采用与前衣身相同颜色（或略浅些的同色系）的醋酸绸。如果单独穿用，可用有图案的丝绸、呢绒等衣料制作。此款采用V字形领口，单排六粒扣（也可五粒扣），门襟下摆斜角，侧缝设3cm开衩。前身设四个板挖袋。第六粒扣不在搭门扣位上，不具有系扣功能，使前下摆左、右襟开口增大，以增加腰部的活动范围。此款也可设计成五粒扣，末粒扣位置设计在前片开衩止点水平线与搭门线的交点上，穿着时通常也不系上，其他结构不变（图4-23）。

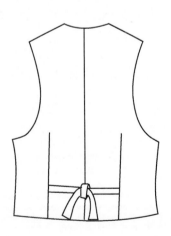

图4-23

（二）制图规格（表4–12）

表4–12　　　　　　　　　　　　　　　　单位：cm

原型 (170/90A)	背长	胸围	服 装	后衣长	前衣长	胸围 （B）
	42	108		53.7	50.7	100

（三）结构设计要点

（1）衣长既不宜过长而限制腰部活动，也不宜过短而露出皮带。前片在腰围线以下6～9cm为宜，再以与前片追加量相等的数值确定前衣片三角形下摆角的高度（称为"前下垂"）即可。后衣片略长3~3.5cm是传统形式。

（2）胸围松量可因人而异，通常为8～12cm。后胸围大于前胸围3cm左右，也可按图示比例分配。

（3）为了使背心肩缝位置在肩部略偏前的位置，采取将前肩线向下平移2cm的方法。

4.前领口与袖窿深一致，满足男士穿礼服系领带的空间需求。在前肩领点处延伸出后领座，这种结构的目的是采用前片面料制成后领座的强度要大于薄绸料（后片），另外还起到提高后领口的作用，使后领口平顺帖服，实现该部位内与衬衫领座、外与翻领相互配合的关系。

（5）在侧缝处设计开衩结构，增大了背心底摆部位的松量，以适应腰部活动的需要。后腰部可装有收紧功能的腰带。

（6）胸宽、背宽各在原型基础上减掉约$\frac{1}{4}$，前后肩宽尺寸则在背心胸宽、背宽尺寸往外各放一个冲肩尺寸，前冲肩值为2～2.5cm，后冲肩值为1～1.5cm。

以上述背心结构为基础可以设计出运动背心、燕尾服背心、晨礼服背心等款式。

衣身纸样如图4–24所示。

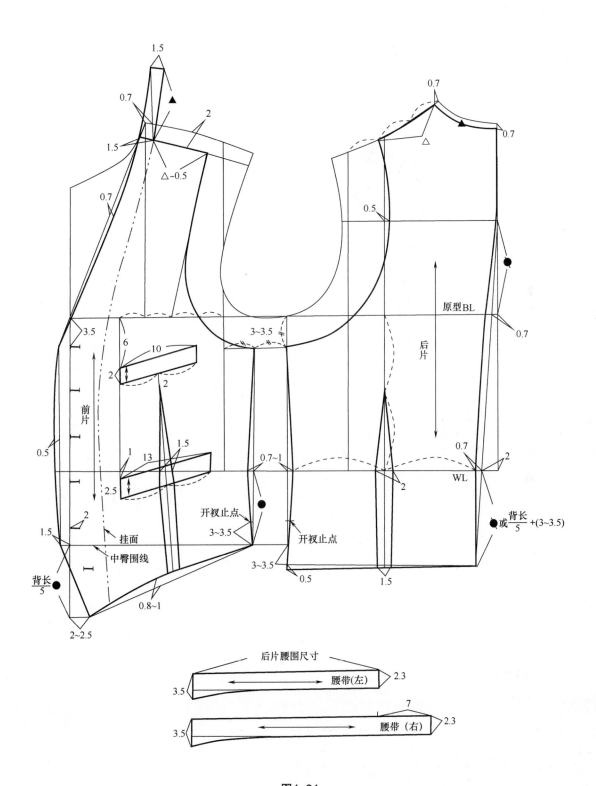

图4-24

二、平驳头暗门襟西装

（一）款式特点

西装平驳头，圆角门襟，圆角贴袋。直筒身用松紧带收腰（图4-25）。

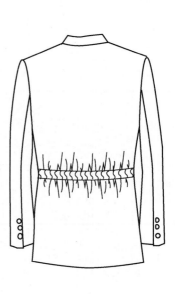

图4-25

（二）制图规格（表4-13）

表4-13 单位：cm

原型	背长	胸围	总肩宽	服装	后衣长	胸围 (B)	总肩宽 (S)
(180/96A)	44	114	46		80	112	43

平驳头西装纸样如图4-26所示。

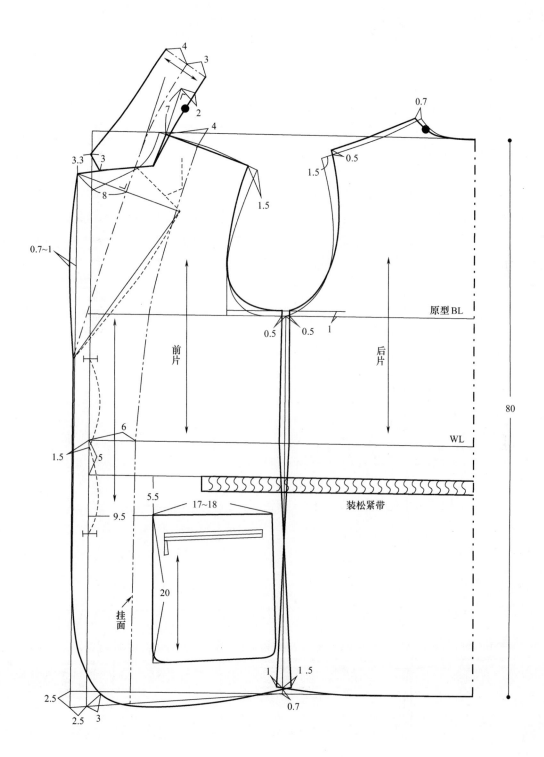

图4-26

第四节 轻便型外衣纸样设计

轻便型外衣与轻便型西装相比，款式更加丰富，并随着服装的流行与发展而不断推陈出新。本节所介绍的各款轻便型外衣，结构简单，穿着随意，给人以无拘无束的轻松感。

一、翻领面棉衣外罩

（一）款式特点

翻领，四个口袋，一片式圆装袖，袖头加松紧带，拉链式门襟，可装风挡防风保暖；腈纶棉或羽绒做可脱卸式夹里，易洗易保养。领、袖头和袋盖可用异色异质材料。此款结构还可变化为镶拼式或后身设置过肩、分割缝的式样。选择密度大且高科技新型平纹面料最佳（图4-27）。

图4-27

（二）制图条件（表4-14）

表4-14　　　　　　　　　　　　　　　　　　　　　单位：cm

原型	背长	胸围	总肩宽	全臂长	服装	后衣长	前衣长	胸围（B）	总肩宽（S）	袖长（SL）
(175/92A)	43	110	45	58.5		76	77.5	132	52	64

纸样设计如图4-28所示。

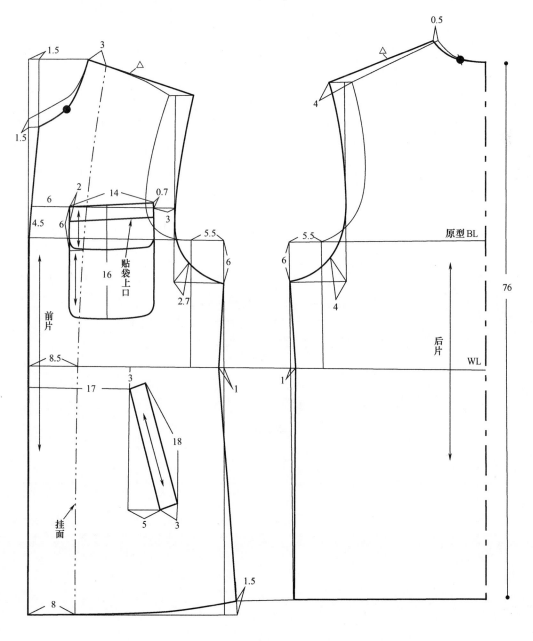

(a)

图4-28

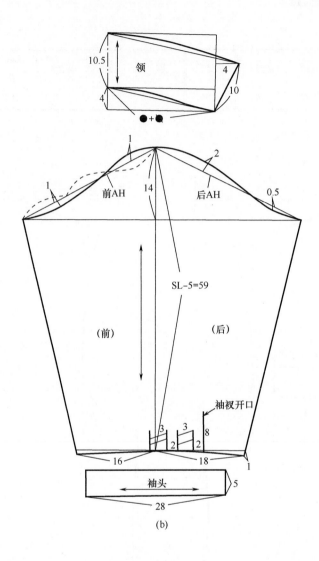

(b)

图4-28

二、翻领插肩袖便装

（一）款式特点

翻领，插肩袖，袖头装松紧带束紧，前门襟装拉链外加偏搭门。前后身、袖有曲线分割。前分割线处可装真袋或假袋，腰部以下为贴挖袋。整体结构线处可缉明线装饰，各分割片处可适当搭配异质地面料，增加粗犷豪放的美感（图4-29）。

图4-29

（二）制图规格（表4-15）

表4-15　　　　　　　　　　　　　　　　　　　　　　　　　单位：cm

原型	背长	胸围	总肩宽	全臂长	服装	后衣长	前衣长	胸围（B）	总肩宽（S）	袖长（SL）
(175/92A)	44	110	45	58.5		75	75	120	48	65

纸样设计如图4-30所示。

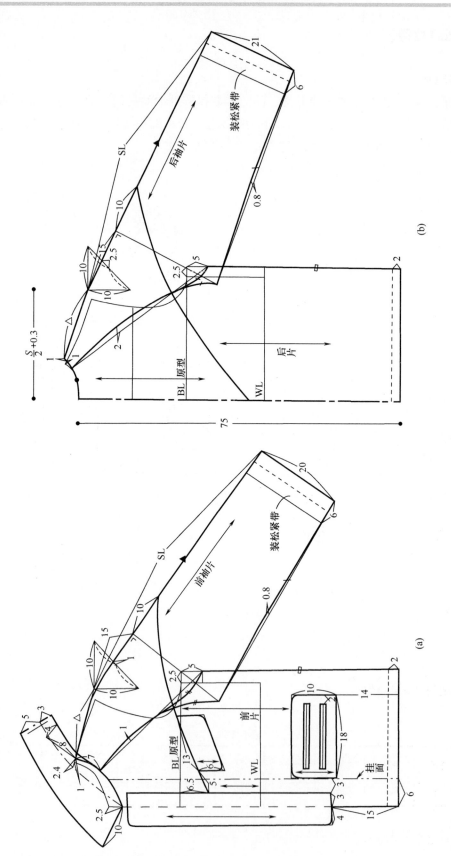

图4–30

三、立领五粒扣圆角门襟外衣

（一）款式特点

此款外衣设计吸取了西装、学生装等多款服装的长处，结构新颖，用料讲究（图4-31）。

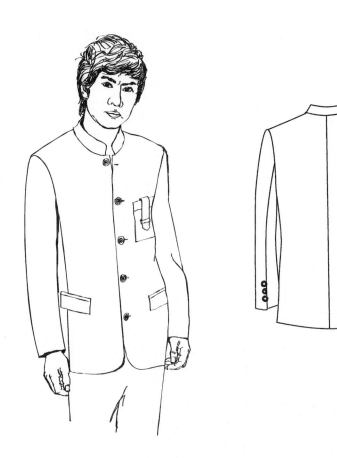

图4-31

（二）制图规格（表4-16）

表4-16　　　　　　　　　　　　　　　　　单位：cm

原型 (180/96A)	背长	胸围	总肩宽	全臂长	服 装	后衣长	前衣长	胸围 （B）	总肩宽 （S）	袖长 （SL）
	44	110	45	58.5		81	83.5	110.6	46	61

纸样设计如图4-32所示。衣袖纸样设计方法可参考图3-8。

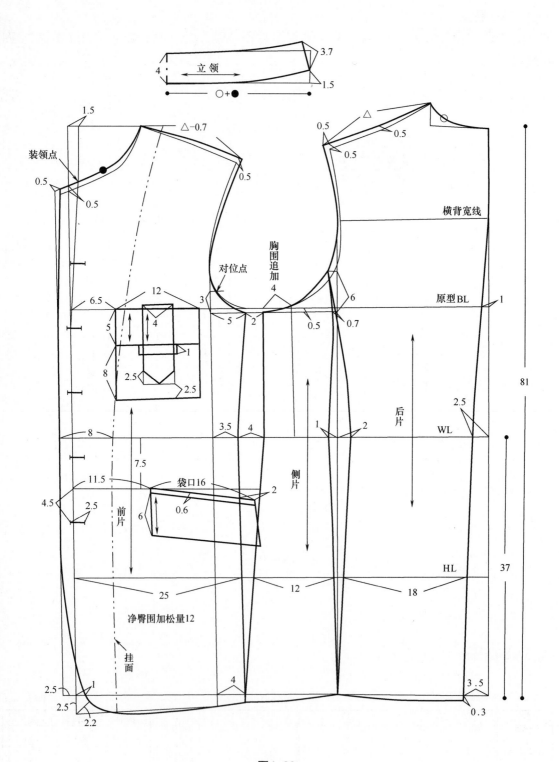

图4-32

四、立领圆角贴袋风帽式上衣

（一）款式特点

此款上衣由夹克、T恤演变而来，兼备实用与装饰两大功能。两个醒目的圆角贴挖袋是其特点，合体的衣身与袖型给人以精干利落之感。选择质地细密的新型防雨混纺面料制成（图4-33）。

图4-33

（二）制图规格（表4-17）

表4-17
单位：cm

原型 (180/96A)	背长	胸围	总肩宽	全臂长	服 装	后衣长	前衣长	胸围 （B）	总肩宽 （S）	袖长 （SL）
	44	114	46	58.5		72	73.5	119	50	61

纸样设计如图4-34所示。

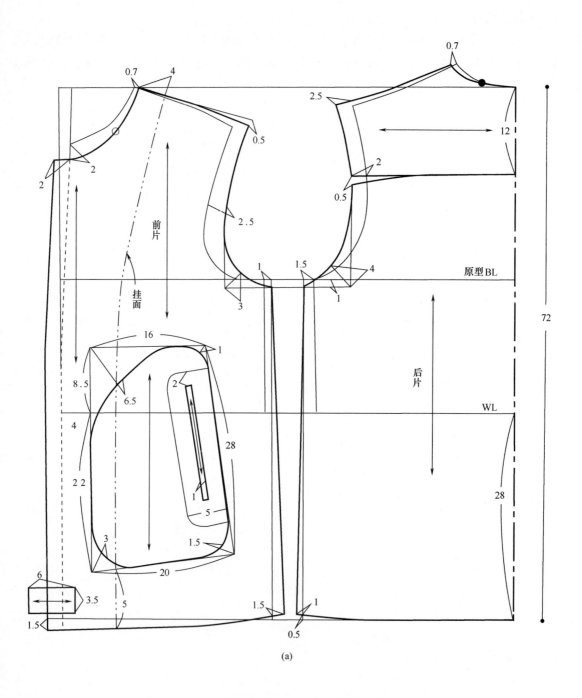

(a)

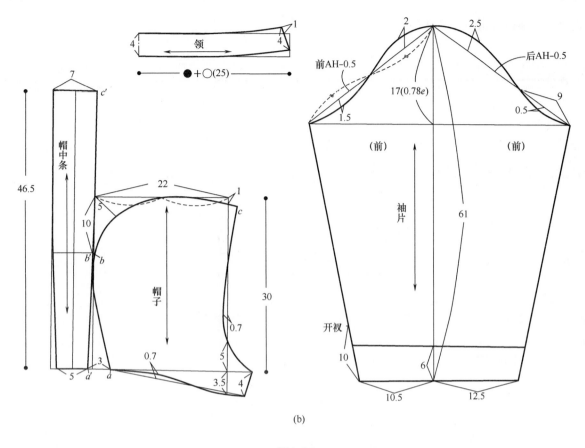

(b)

图4-34

五、立领直筒身外衣

（一）款式特点

立领，暗门襟，圆装两片袖，腰部两侧两个直板型挖袋，直筒衣身侧开衩。整体造型简单合体，并富有时代气息，演绎了男士豁达开朗的性格（图4-35）。

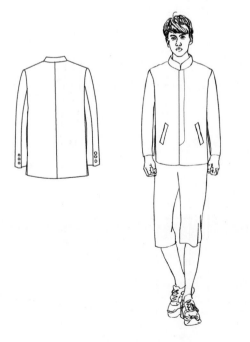

图4-35

（二）制图规格（表4–18）

表4–18　　　　　　　　　　　　　　　　　　单位：cm

原型 (180/96A)	背长	胸围	总肩宽	全臂长	服 装	后衣长	前衣长	胸围 （B）	总肩宽 （S）	袖长 （SL）
	44	114	46	58.5		76.5	79	126	51	64

衣身纸样如图4–36所示，衣袖纸样可参考图3–8所示。

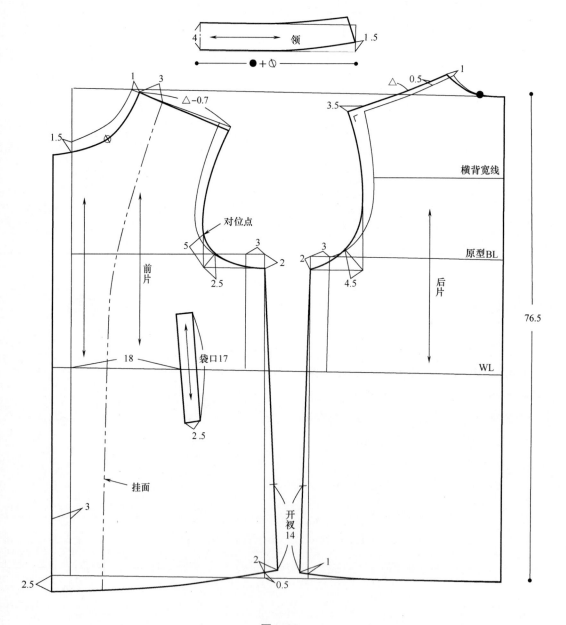

图4–36

六、插肩袖连帽短运动衫

（一）款式特点

连帽插肩袖板挖袋短运动衫，选择针织化纤或混纺棉绒料制成。适当地加分割线，用不同颜色成为镶拼衫。以其结构简练、色彩醒目而受热爱运动人士的青睐（图4-37）。

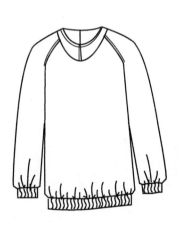

图4-37

（二）制图规格（表4-19）

表4-19　　　　　　　　　　　　　　　　单位：cm

原型	背长	胸围	总肩宽	全臂长	服装	后衣长	前衣长	胸围（B）	总肩宽（S）	袖长（SL）
(175/92A)	43	110	45	58.5		63	63	118	45	64

纸样设计如图4-38所示。

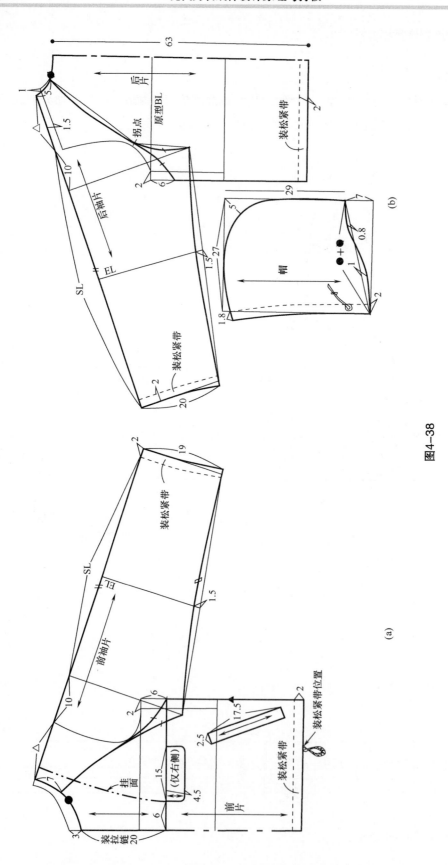

图4-38

七、翻领六粒扣过肩式外衣

（一）款式特点

翻领，大落肩，一片袖，胸部有两个袋盖式挖袋，穿着时可将领竖起，休闲舒适。各种质地柔软的纯毛呢绒是首选面料（图4-39）。

图4-39

（二）制图规格（表4-20）

表4-20
单位：cm

原型 (180/96A)	背长	胸围	总肩宽	全臂长	服装	后衣长	前衣长	胸围 （B）	总肩宽 （S）	袖长 （SL）
	44	114	46	58.5		76.5	78	126	54	63

纸样设计如图4-40所示。

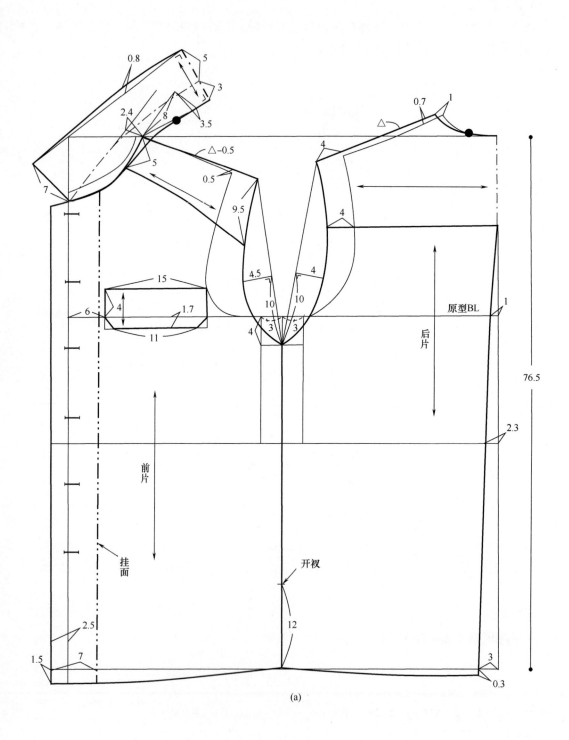

(a)

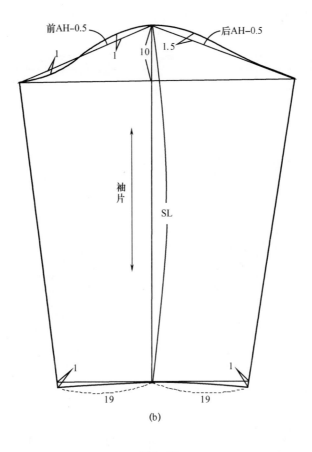

前AH-0.5　　　　　　后AH-0.5

1　　　1　　10　1.5

袖片

SL

1　　　　　　　1

19　　　　19

(b)

图4-40

八、立体贴袋暗门襟外衣

（一）款式特点

　　开、关两用式翻领，大落肩，一片袖，暗门襟缉明线，胸部两个斜挖袋，腰胯部处两个立体贴袋，下摆穿绳可调松紧。各止口处缉明线装饰。可采用挺括的水洗布或棉质平纹布制成休闲装或日常上班装（图4-41）。

图4-41

（二）制图规格（表4-21）

表4-21 单位：cm

原型 (175/92A)	背长	胸围	总肩宽	全臂长	服装	后衣长	胸围 （B）	总肩宽 （S）	袖长 （SL）
	43	110	45	58.5		78	122	55	58

纸样设计如图4-42所示。

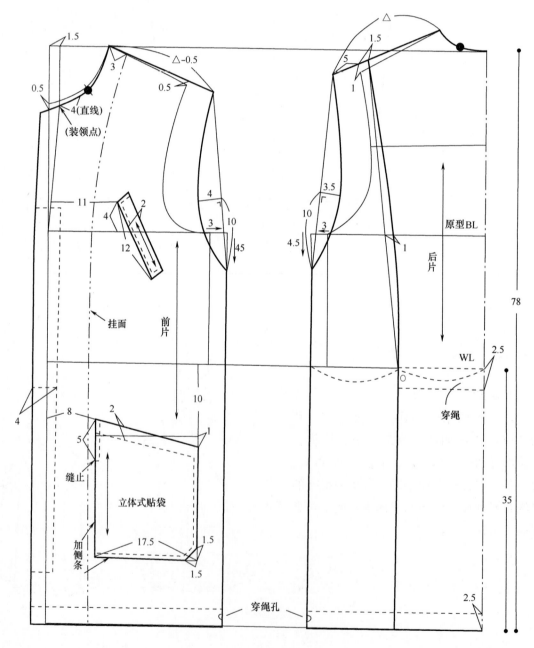

(a)

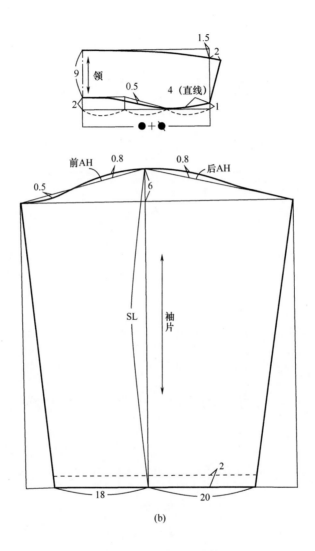

图4-42

九、立领贴袋腰带式外衣

（一）款式特点

　　宽大的立领可翻可立，一片袖有袖头，明门襟，腰胯部安装两个贴挖袋，前胸一或两个袋盖式插袋。胸背部分割有过肩。此款以同色系针织物与普通面料相搭配为主要特色，可表现男士粗犷豪放的洒脱美感（图4-43）。

图4-43

（二）制图规格（表4-22）

表4-22　　　　　　　　　　　　　　　　　　单位：cm

原型	背长	胸围	总肩宽	全臂长	服	后衣长	胸围 （B）	总肩宽 （S）	袖长 （SL）
(175/92A)	43	110	45	58.5	装	82	120	48	65

纸样设计如图4-44所示。

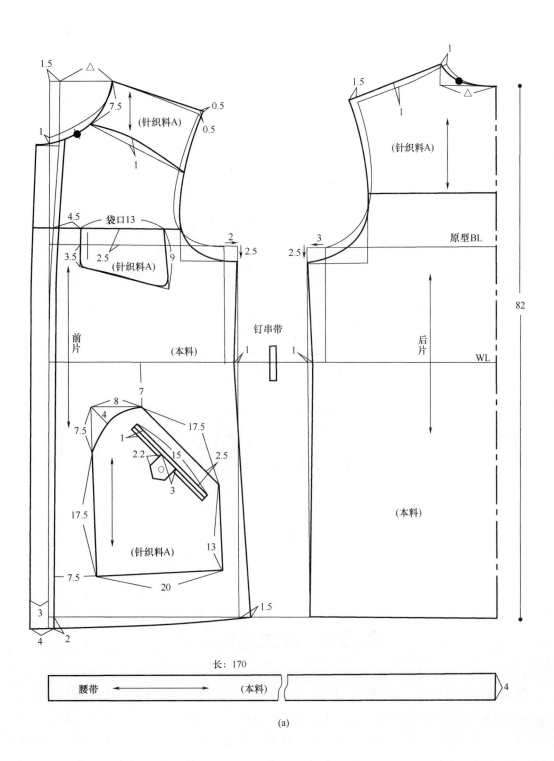

(a)

图4-44

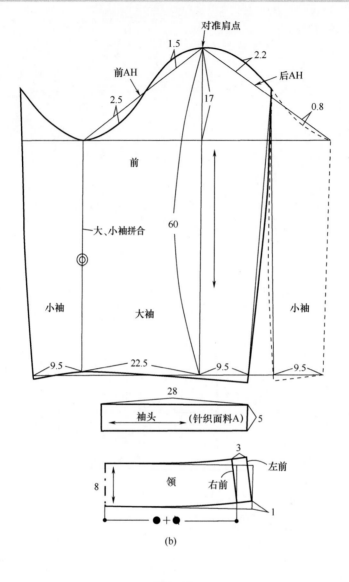

(b)

图4-44

第五节　夹克纸样设计

　　夹克属轻便装品种，是老少皆宜的户外装款式。与轻便装外衣不同的是衣服下摆和袖口须用针织物或机缉松紧带收紧。夹克在长度上可有短、长和中长之分，造型通常以宽松或半宽松为主，款式丰富，线条粗犷，有新颖、活泼、奇异、朴实、潇洒等多种风格。不论怎样变化，夹克都具有防风、防雨、防寒等功能。设计制式上有单、棉、夹之别，在工艺上可有精做和简做之分，在材料上各种质地的棉、绸、呢绒等面料均可。本节介绍的各款典型品种的夹克纸样，为读者提供了可靠的结构设计方法，而面料选择和色彩搭配、工艺技术则根据具体设计意图而定。

一、平驳领贴挖袋夹克

（一）款式特点

　　平驳领，单排五粒或六粒扣，三个或四个贴袋，合体式圆装两片袖（变化成一片袖亦可）。前后斜向过肩，缉明线，衣身合体直筒身。下摆与衣身采用相同面料。此款领型可变化成两用式翻领，领型更具实用功能，选择质地优良的纯毛或毛混纺面料制作（图4-45）。

图4-45

（二）制图规格（表4-23）

表4-23　　　　　　　　　　　　　　　　单位：cm

原型 (175/92A)	背长	胸围	总肩宽	全臂长	服 装	后衣长	前衣长	胸围 （B）	总肩宽 （S）	袖长 （SL）
	43	110	45	58.5		78	79.5	110	45	59

纸样设计如图4-46所示。

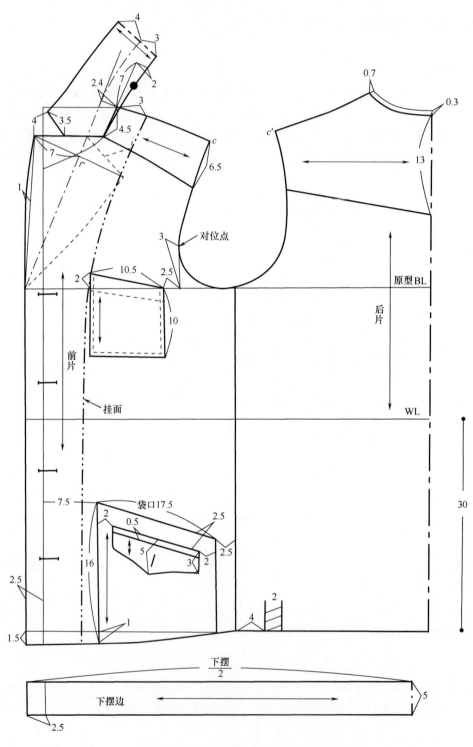

(a)

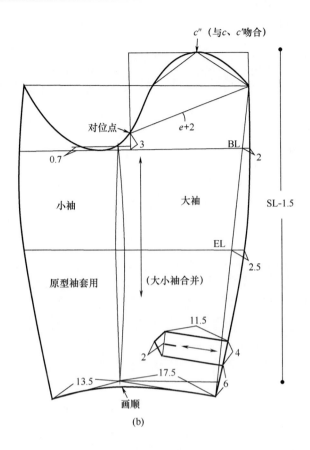

图4-46

二、宝剑头型门襟夹克

（一）款式特点

连领座的翻领，一片袖装袖头，直筒衣身，下摆装松紧带收紧，侧缝插袋。宝剑头型的门襟别具风格。选择条纹毛混纺面料制作，是青年男士理想的上班装（图4-47）。

图4-47

（二）制图规格（表4-24）

表4-24　　　　　　　　　　　　　　　　单位：cm

原型 (175/92A)	背长	胸围	总肩宽	全臂长	服装	后衣长	前衣长	胸围 （B）	总肩宽 （S）	袖长 （SL）
	43	110	45	57		71	71	118	48	63

纸样设计如图4-48所示。

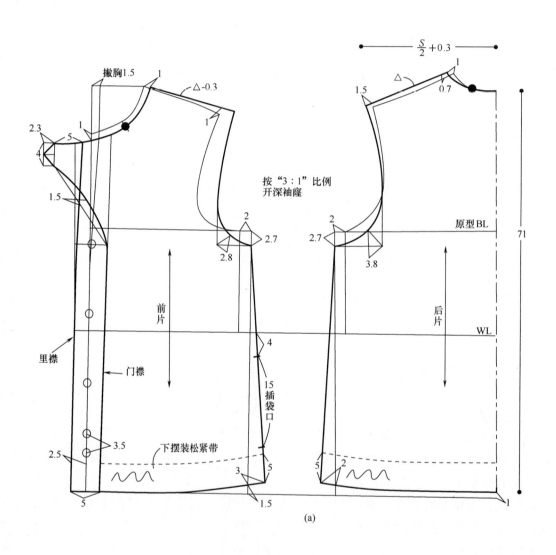

(a)

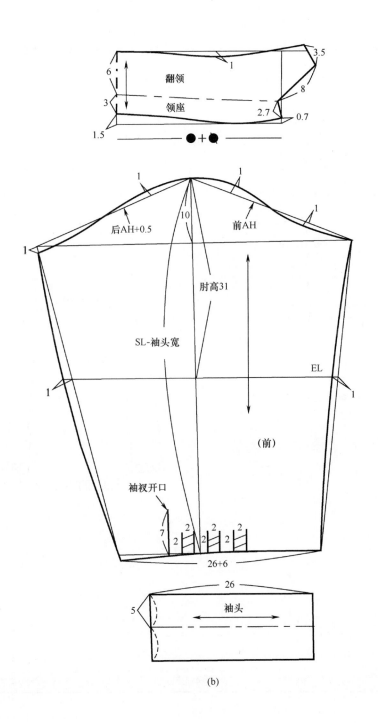

(b)

图4-48

三、立领风帽式夹克

（一）款式特点

立领，活风帽，挖袋，门襟装拉链，直筒身，前、后衣身有曲线分割。一片袖装针织物袖头，衣身下摆用针织物收紧。适当地运用缉明线增强粗犷的美感（图4-49）。

图4-49

（二）制图规格（表4-25）

表4-25
单位：cm

原型 (175/92A)	背长	胸围	总肩宽	全臂长	服装	衣长	胸围 （B）	总肩宽 （S）	袖长 （SL）
	43	110	45	57		69	118	47	63

纸样设计如图4-50所示。

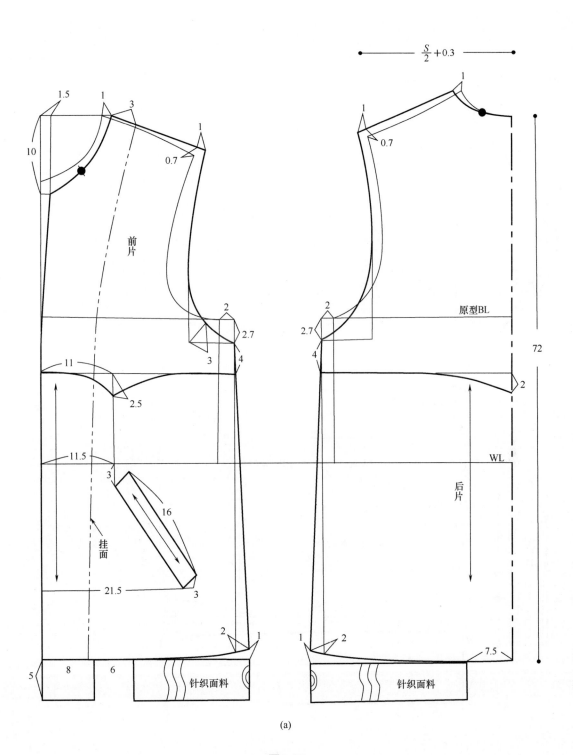

(a)

图4-50

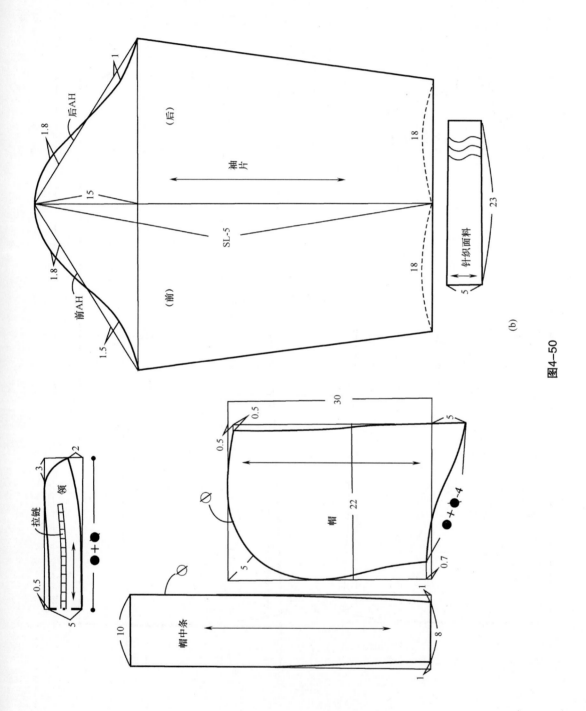

图4-50

四、翻领连袖镶拼式夹克

（一）款式特点

翻领、连袖，有袋盖的挖袋，前后身在袖窿至上臂部位采用针织面料拼接。衣身下摆和袖头都采用针织面料收缩，衣身其他部位采用梭织面料。由于两种衣料镶拼形成对比，使得造型简单大方、款式新颖别致（图4-51）。

图4-51

（二）制图规格（表4-26）

表4-26　　　　　　　　　　　　　　　　　　　　　单位：cm

原型 (175/92A)	背长	胸围	总肩宽	全臂长	服装	衣长	胸围 （B）	总肩宽 （S）	袖长 （SL）
	43	110	45	57		72	110	45	61

纸样设计如图4-52所示。

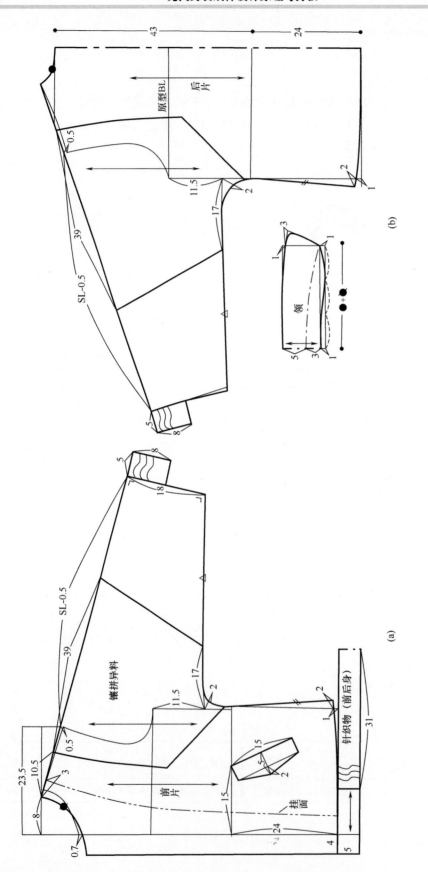

图4-52

五、立领过肩式夹克

（一）款式特点

立领，一片袖，袖后侧直线分割，下部开袖衩，装袖头，前后身大落肩，有过肩，大贴袋，后身有对褶。下摆的侧缝处装松紧带收腰。选择各种斜纹或平纹面料制作。止口处缉与衣身面料颜色相同的明线。此款着装简单明快，不失男士风度（图4-53）。

图4-53

（二）制图规格（表4-27）

表4-27　　　　　　　　　　　　　　　　　　　　单位：cm

原型	背长	胸围	总肩宽	全臂长	服	衣长	胸围（B）	总肩宽（S）	袖长（SL）
(175/92A)	43	110	45	57	装	69	118	65	63

纸样设计如图4-54所示。

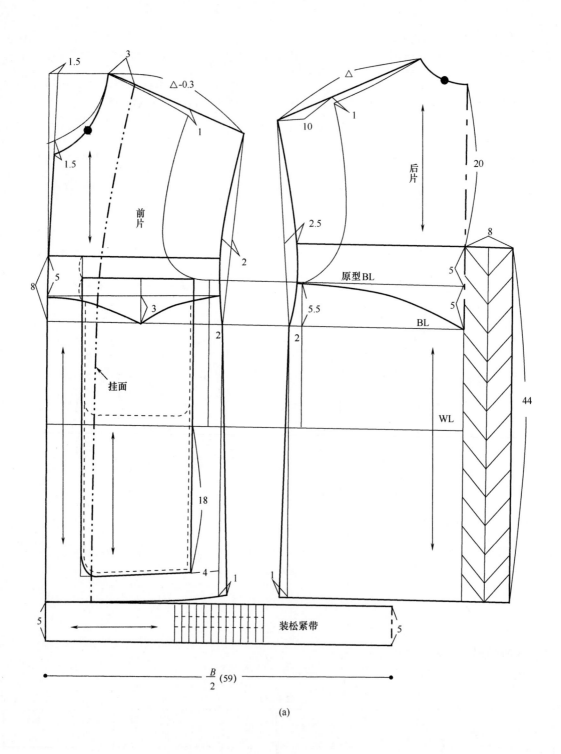

前片

挂面

后片

原型BL

BL

WL

装松紧带

$\dfrac{B}{2}$ (59)

(a)

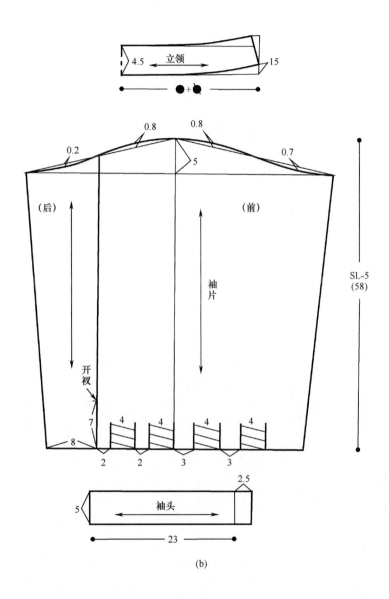

(b)

图4-54

六、翻领插肩袖刀背缝夹克

（一）款式特点

翻驳领，插肩袖，前身刀背线分割并安装插手袋，单排六粒扣直门襟，下摆面料与衣身面料相同，并用襻条锁眼钉扣调节其松紧。领、门襟及分割缝等处缉单道明线装饰。采用中厚型毛混纺或化纤料制作。可作为上班装或工作服（图4-55）。

图4-55

（二）制图规格（表4-28）

表4-28　　　　　　　　　　　　　　　单位：cm

原型 (170/90A)	背长	胸围	全臂长	服 装	衣长	胸围 （B）	总肩宽 （S）	袖长 （SL）
	42	108	58.5		68	132	48	59

纸样设计如图4-56所示。

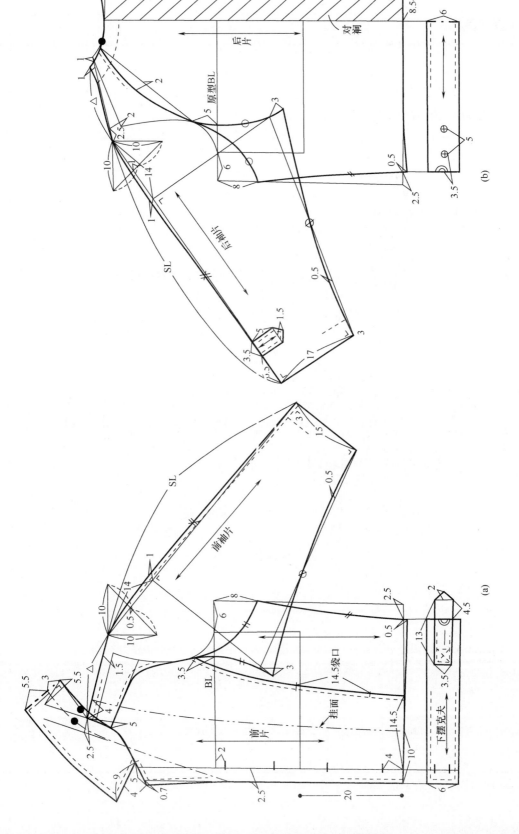

图4-56

七、加襻立领夹克

（一）款式特点

加襻的立领既美观又能调节松紧，加拉链门襟，左衣片可另加偏搭门钉扣，款式可自由设计。一片袖，袖头和下摆与衣身采用相同面料，侧缝处加松紧带设计，也可在衣片侧缝处采用打裥与调节襻相结合的方法也很新颖实用。胸部袋盖式圆贴袋很有特色，设置一个或两个均可。选择质地挺括的素色面料为宜（图4-57）。

图4-57

（二）制图规格（表4-29）

表4-29　　　　　　　　　　　　　　　　　　　　　　单位：cm

原型	背长	胸围	总肩宽	服装	后衣长	前衣长	胸围（B）	总肩宽（S）	袖长（SL）
(175/92A)	43	110	45		72	73	120	52	56

纸样设计如图4-58所示。

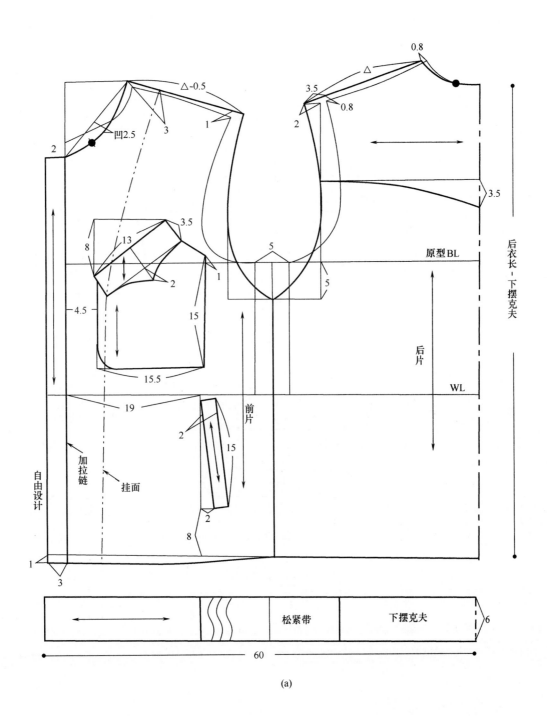

(a)

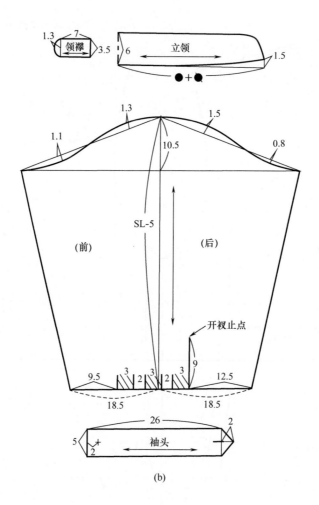

(b)

图4-58

八、立领梯形偏搭门夹克

（一）款式特点

立领，一片袖加竖向分割缝，袖底部开袖衩，袖头面料与衣身相同。直筒衣身，下摆用本料布，侧缝处用松紧带收紧，亦可用调节襻与打裥结合的方法代替。大落肩、尖袖窿与低袖山配合的结构尺寸可微量增减。贴袋的暗裥形式也可变化为立体袋。各种水洗布、棉府绸等挺括的面料均可制作（图4-59）。

图4-59

（二）制图规格（表4-30）

表4-30　　　　　　　　　　　　　　　　　　　　　　　　　　　　单位：cm

原型 (175/92A)	背长	胸围	总肩宽	全臂长	服 装	衣长	胸围 （B）	总肩宽 （S）	袖长 （SL）
	43	110	45	57		73	120	51	60

纸样设计如图4-60所示。

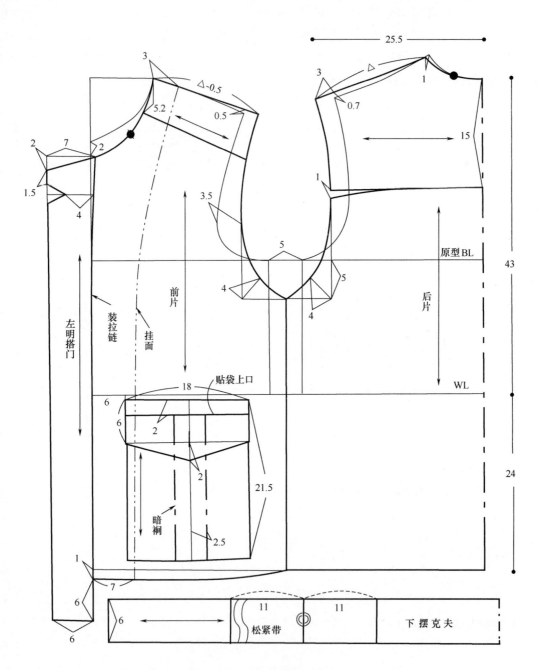

25.5

3

△-0.5

5.2
0.5

3
0.7

1

15

2　7　2

1.5

4

3.5

原型BL

前片

装拉链

挂面

左明搭门

5

4

5

4

后片

43

WL

24

贴袋上口

18

6

6

2

2

2.5

暗裥

21.5

1

7

6

6

6

6

11　松紧带

11

下摆克夫

(a)

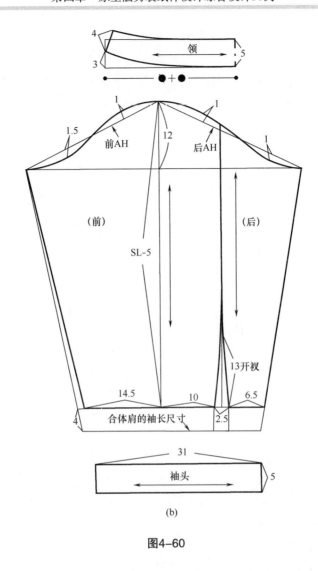

(b)

图4-60

第六节　燕尾服与晨礼服纸样设计

　　燕尾服和晨礼服属于正式礼服，在穿用方面有不同的时间要求。燕尾服一般下午6点以后穿用，晨礼服是白天穿用，两种礼服不得相互替换穿用。这些礼服主要应用于国家级别的典礼、大型古典音乐会、国际重要会议、婚礼等正式场合。正式礼服不仅在面料选择、板型、工艺等方面要求严格，而且在与配套穿用的衬衫、背心、领结（燕尾服要求）、领带（晨礼服要求）、皮鞋等都有规范化的标准。目前，男正式礼服已简略化，通常以正规西服套装代替。

一、燕尾服

（一）款式特点

　　前衣长较短至腰部与三角形门襟组合。后衣长由前侧胸腰省处向后至膝部，后中缝开衩至腰围线，形似燕尾。中腰部断缝，后身的刀背缝结构与腰围线的交点用装饰扣覆盖，后中缝在腰围线位置构成阶梯状向下摆延伸为后开衩。穿用时不系纽扣，前身左、右各设三粒装饰扣。领型采用戗驳领或青果领，并用与衣身同色的缎面布料包覆。两片圆装袖有真或假两种袖开衩，钉三粒或四粒装饰扣。衣身整体廓型流畅合体，分割舒展自如（图4-61）。

图4-61

（二）制图规格（表4-31）

表4-31　　　　　　　　　　　　　　　　单位：cm

原型	背长	胸围	全臂长	服	后衣长	前衣长	胸围（B）	总肩宽（S）	袖长（SL）
(170/90A)	42	108	55.5	装	105	53	103.5	45.5	58.5

（三）制图要求

（1）腰部自原型腰围线（WL）向下2cm起，由后向前滑至前衣长尖角部作断缝线。

（2）后开衩，由后腰围线（原型WL）下移2cm为后开衩上端，并垂直做开衩处理。

（3）后身刀背缝设在胸围线上背宽的中点（或偏后点）到横背宽线与后袖窿的交点成刀背形，其结构的收腰量为2cm。

（4）前搭门较窄不锁扣眼。前门襟呈三角形，衣长以横背宽线至后领口中点的距离确定前衣长，由前衣角至侧腰呈内弧形。由衣角至胸腰省间设三粒装饰扣。侧摆结构在胸腰省至刀背缝之间，延伸至后中线，由上至下端呈燕尾形状。在腰部与上身侧缝对应的位置设1.3cm的侧臀省。

衣身纸样如图4-62所示，衣袖纸样可参考图3-8。

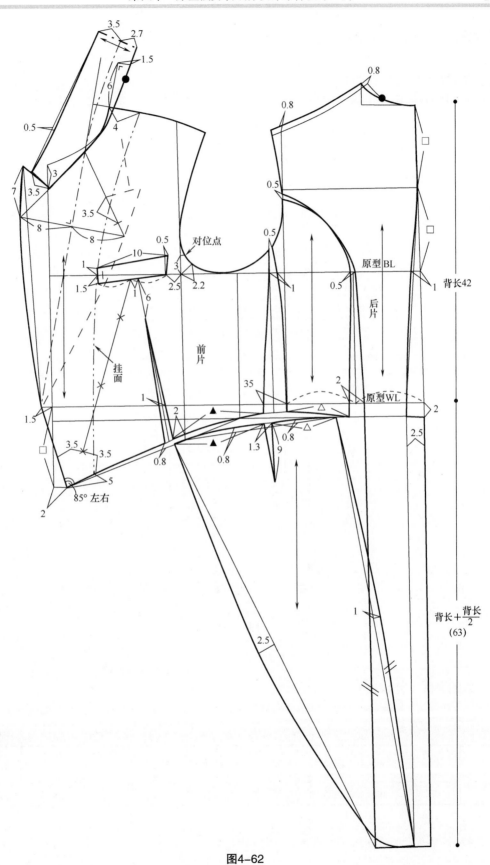

图4-62

二、晨礼服

（一）款式特点

晨礼服和燕尾服的主体结构相似。不同之处是前襟腰位处设置单排一粒扣搭门，前衣身至后衣身呈斜向大圆摆，中腰部断缝。后身中部结构与燕尾服相同。领型采用戗驳领或青果领。圆装两片袖，有袖衩，钉三粒或四粒装饰扣（图4–63）。

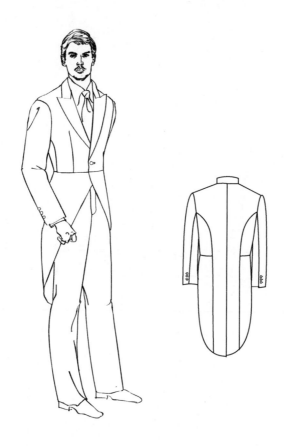

图4–63

（二）制图规格（表4–32）

表4–32　　　　　　　　　　　　　　单位：cm

原型	背长	胸围	全臂长	服	后衣长	前衣长	胸围（B）	总肩宽（S）	袖长（SL）
(170/90A)	42	108	55.5	装	105	105	103	45.5	58.5

衣身纸样如图4–64所示，衣袖纸样可参考图3–8。

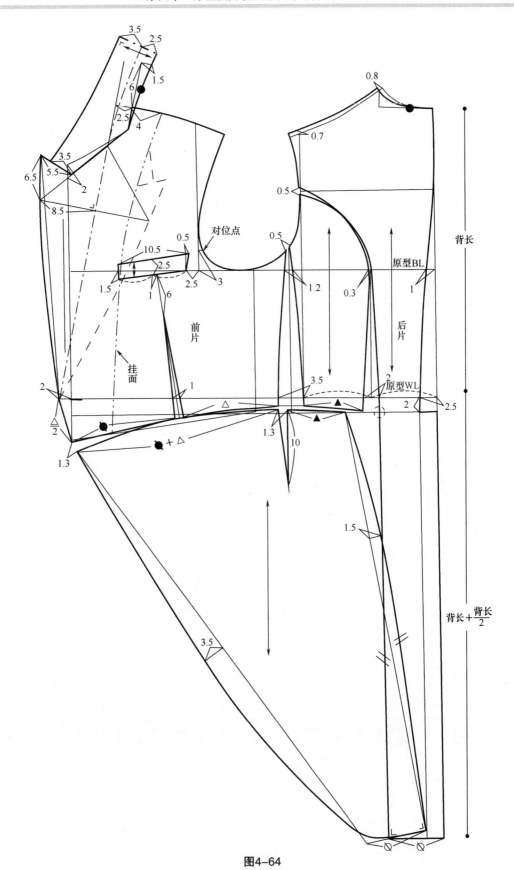

图4-64

第七节　大衣纸样设计

大衣是服装中的一个大类品种。近年来，随着人们穿着观念的更新，大衣已从单纯的挡风御寒功能逐步向装饰和多功能方向发展，因此可大胆改革与创新大衣这一传统品种，设计出多种风格、新颖实用的款式，适合不同职业、不同气质、不同体型的需求。

大衣主要是内套毛衣或西装、便装的正式外出装，因此胸围总放松量一般大于西服，多在22～28cm之间，总肩宽比西服总肩宽大2cm左右。造型以H型为主，也有造型不十分夸张的X型。按用途分类有风衣、雨衣、风雨衣、防寒棉（包括羽绒）大衣、军用大衣、礼服大衣等。按衣长差别分类有短大衣、中长大衣、长大衣等。短大衣的长度在膝盖以上20cm左右，中长大衣在膝盖上下，长大衣是在膝盖至踝骨间上下调节其长度。按衬垫材料分类，有挂半里夹大衣，挂全里夹大衣，单大衣，两面穿大衣、羽绒大衣、脱卸式大衣。按制作工艺分类有简做或精做大衣两种形式。

一、牛角扣风雪短大衣

（一）款式特点

单排扣搭门钉木制或骨制牛角扣。圆装两片袖，有袋盖的贴袋，前后身有过肩，缉0.8cm宽明线，风帽为三片式结构，帽、袋、襻等止口处也缉单明线。衣身长度至膝盖上10cm左右，可根据需要加长或变短些。选择质地较厚的粗纺呢、羊毛绒等。帽子可制成连帽式或脱卸式。款式可在过肩、袋盖、袖型的形状等方面进行变化（图4-65）。

图4-65

（二）制图规格（表4-33）

表4-33　　　　　　　　　　　　　　　　　单位：cm

原型 (170/92A)	背长	胸围	总肩宽	全臂长	服 装	后衣长	前衣长	胸围 （B）	总肩宽 （S）	袖长 （SL）	袖口宽
	43	110	45	57		90	91.5	118	47	64	17.5

纸样设计如图4-66所示。

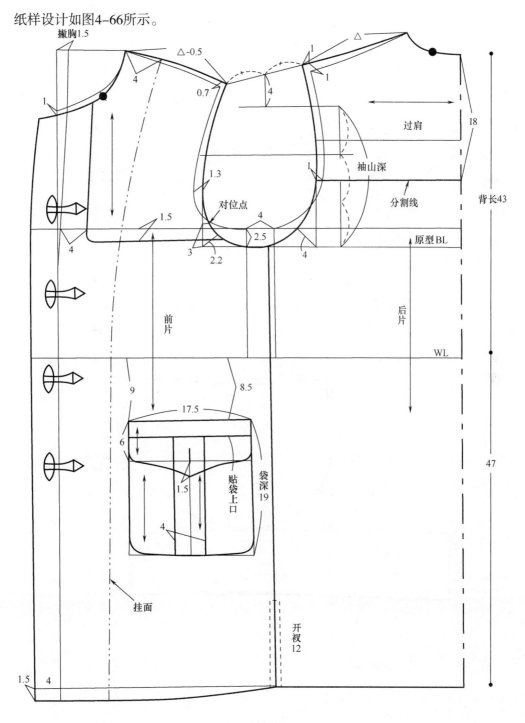

(a)

图4-66

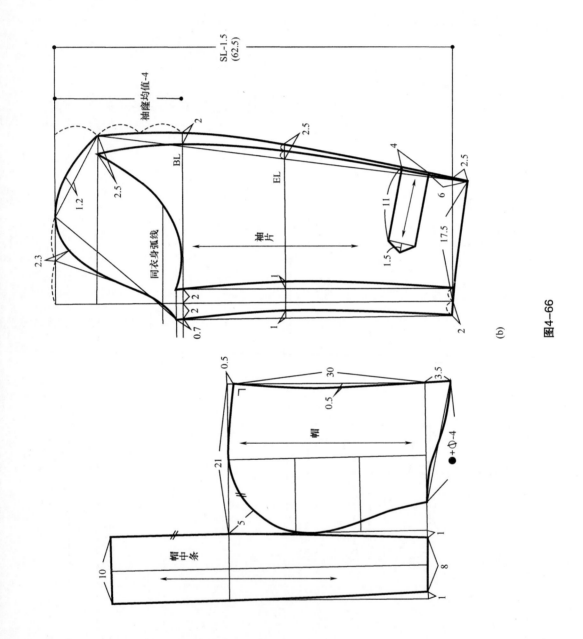

图4-66

二、暗门襟平驳领大衣

（一）款式特点

平驳领，圆装两片袖，有袖衩，钉四粒扣，西服式的双嵌条夹袋盖式挖袋，后中缝开衩，三开身结构。胸围放松量可在20～28cm之间选择。本款放松量为21cm。臀围放松量为15～20cm，本款为暗门襟，也可变化为明门襟式样。选择毛呢料精粗纺面料均可，适合不同的季节穿用（图4-67）。

图4-67

（二）制图规格（表4-34）

表4-34　　　　　　　　　　　　　　　　　　　单位：cm

原型	背长	胸围	全臂长	服	后衣长	前衣长	胸围（B）	总肩宽（S）	袖长（SL）	袖口宽
(170/90A)	43	108	55.5	装	109	111	111	46.5	61	16

纸样设计如图4-68所示。

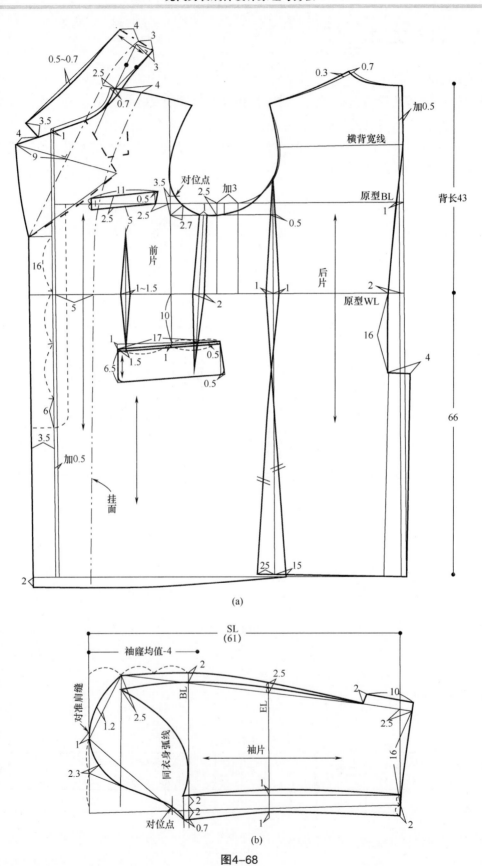

图4-68

第八节　肥胖体西服

肥胖体相对正常体而言，腰围和腹围的尺寸偏大，腹部向前凸起，所以也称大腹体或凸腹体。纸样结构设计通常采用加大撇胸和放出凸腹的肥胖量的技法，以适应体型需要，纸样设计的难点在于掌握好每个人肥胖程度，恰当地采寸，只有这样才能真正做到结构合理，扬长避短而美化体型。

一、肥胖体平驳领单排两粒扣西装（图4-69）

图4-69

（一）制图规格（表4-35）

表4-35　　　　　　　　　　　　　　　　　　　　　　　　　　　单位：cm

原型 (170/98A)	背长	胸围	全臂长	腰围（W）	服装	后衣长	前衣长	胸围（B）	袖长（SL）	袖口宽
	42	118	55.5	94		72.5	76	112	58	15.5

（二）结构设计要点

（1）按正常体的结构绘制出原型，将前BL线上升1cm描出原型。目的是加长前中心线尺寸，同时增加了撇胸尺寸，即颈肩点（SNP）点后移以满足挺胸体型的需要。如不是挺胸体则不需要这种结构。

（2）肥胖量的设计在WL线上，将胸宽线至侧缝线的距离分成四等分，自左侧 $\frac{1}{4}$ 处向前量 $\frac{W}{4}$ 尺寸标c点，而搭门线上b点至c点，即bc的大小为肥胖量，该尺寸为2cm。可根据肥胖程度适当增减bc尺寸，一般在1.5～3.5cm之间，或按上述方法确定bc由c点向外放出2.5cm是搭门宽尺寸。连接ac并延长至下摆的斜直线为前中心线。取de的中点与WL线上搭门宽点连接画前门襟止口线。

（3）腹省的设计：肥胖体由于腰腹围尺寸较大而不需设置胸腰省，但是为了满足腹凸所需要的空间，可设计腹省，在腹部形成凸面效果，适应体型需要。方法如图4-70（b）所示。

衣身纸样设计见图4-70，衣袖纸样结构同正常体结构，由于肥胖体各围度尺寸大，所以袖口宽尺寸也可增大0.5~1cm左右，袋口大与袋盖宽也应略大。

纸样如图4-70所示。

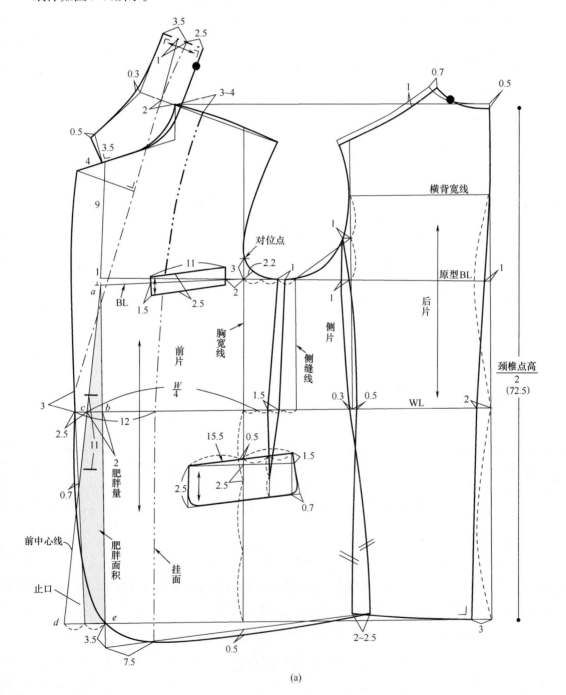

(a)

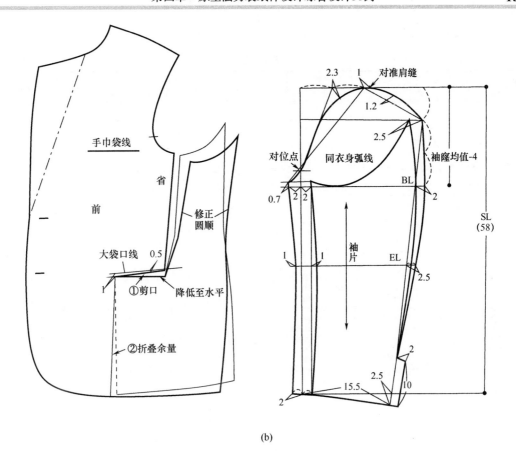

手巾袋线

省

前

修正圆顺

大袋口线　0.5

1　①剪口　降低至水平

②折叠余量

2.3　1　对准肩缝

1.2

2.5

对位点　同衣身弧线

袖窿均值-4

BL

0.7　2　2　2

SL
(58)

1　1　袖片　EL

2.5

袖窿均值-4

2

2.5

2

15.5　2.5　10

(b)

图4-70

二、肥胖体戗驳领双排六粒扣西装（图4-71）

图4-71

（一）制图规格（表4-36）

表4-36　　　　　　　　　　　　　　　　　　单位：cm

原型 (170/94A)	背长	胸围	全臂长	净腰围 （$W°$）	服 装	后衣长	前衣长	胸围 （B）	袖长 （SL）	袖口宽
	42	118	55.5	94		72.5	76	112	58	15.5

（二）结构设计要点

纸样设计方法同图4-70，即使用该纸样做出主体结构，再加出宽搭门，绘制出戗驳头即可。

衣身纸样如图4-72所示。衣袖纸样可参考图4-70（b）。

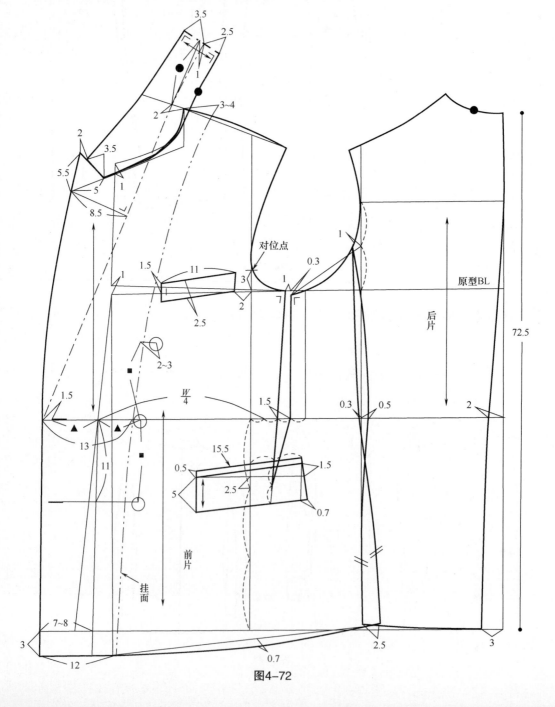

图4-72

第五章　原型法直裁技术——比例基型法纸样设计25例

以原型为参照，结合各部位结构设计与变化规律进行纸样设计的方法，称为原型裁剪法。这种"以人为本"的结构设计模式最明显的优点是纸样设计图中各部位的收放变化一目了然，并且适用范围广泛。用此方法设计出板型之后（经过试穿而确定），对某些重要部位进行"公式"化处理，则成为人们所熟悉的比例基型裁剪法。比例基型裁剪法并非纯比例式，确切说，指图中各主要部位尺寸采用"倒结账"手法，归纳出"某成品尺寸的比例系数加或减去一个调节数"的公式。例如上装的主要公式有：后肩宽=$\frac{S}{2}$+（0~0.5）cm，前肩线长=后肩线长−0.7cm左右，前袖窿深（肩端点至胸围线的距离）=$\frac{1.5B}{10}$+调节数（3~6）cm，后袖窿深（测法同前袖窿深）=$\frac{1.5B}{10}$+（5~8）cm。前胸围大=$\frac{B}{4}$±调节数。前胸宽=$\frac{1.5B}{10}$+（3~4）cm，后背宽=$\frac{1.5B}{10}$+（3~4.5）cm，袖窿宽=$\frac{2B}{10}$−7cm。这三者之和为成品胸围的一半。领口宽=$\frac{B}{20}$+（3~3.5）cm或$\frac{2N}{10}$±调节数，前领口深=$\frac{2N}{10}$±调节数，等等。

本书所建立的原型结构不仅可以满足原型法应用，而且可以用来实现原型应用的直裁法，就是将所需纸样的主要尺寸代入与原型对应的各部位公式，就可成为该纸样的基本结构图，最后可根据款式和体型的具体特征加以细部调整而成为符合造型效果的服装纸样。

上述方法可称为"比例基型法"，是将比例分配法与原型法相结合而成的纸样结构设计方法，它具有如下特点：

（1）比例基型裁剪法可以在面料上面边制图边裁剪，一步到位，体现出中国传统直裁技艺特点，尤其适合普通款式和定型的西装、衬衫、夹克、大衣等。但对于款式多变的时装，却不能得心应手，因为每一种款式都需要先设计一套公式，所以就需要先选择原型裁剪法制板，确定板型后，再变化为比例基型法，以利于工业制板或后期传播。

（2）简便易学，不用预先准备基型，只要将款式的成品规格代入本书图2-1和图2-4的原型各公式中，就能得到所需要的纸样结构框架。

（3）衣身原型不代表具体款式，只表达服装的结构框架。在具体应用中，需要以其为依据，直接加出衣长、放出门襟、变化领口、变化袖窿等部位而成为款式的基本纸样，最后再根据款式特征，运用分割、切展、合并等技法，设计出符合造型效果的服装纸样。

（4）本书原型中的B值表示成品胸围，所形成的各种比例计算公式科学合理，适应范围广泛。例如前胸宽、后背宽、前/后袖窿深等，它不仅适用于原型法，同样也适用于比例基型法，在应用中可以看出比例基型法中各公式的调节数变化很小。尤其是首次提出"袖窿深均值"的概念（为书写方便用字母e表示）。它摆脱了国内外男装纸样的前、后肩斜角度大小的束缚，科学地确定袖窿深尺寸，来满足不同款式和体型的需要。原型的各种部位结构设计原理可用于各种款式的纸样设计。

第一节　男上装纸样设计

一、单排四粒扣平驳领西装

（一）款式特点

该款纸样的基本结构类似于原型法中的两粒扣西装纸样结构，但由于比例基型法与原型法在应用方面有着本质区别，所以看起来本节列举的纸样结构模式与原型法不同。该款结构模式可称其为比例基型法的"基本纸样结构"，其他款式纸样大致都遵循这样的方法进行结构设计（图5-1）。

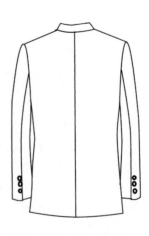

图5-1

（二）制图规格（表5-1）

表5-1

单位：cm

号/型	后衣长	前衣长	胸围（B）	总肩宽（S）	袖长（SL）	袖口宽
175/92A	78	80.5	110	47	62	15.5

（三）制图要点

（1）主要计算公式：前胸宽=$\dfrac{1.5B}{10}$+4cm，后背宽=$\dfrac{1.5B}{10}$+4.5cm，后胸围大=$\dfrac{1.5B}{10}$+3.5cm，前袖窿深=$\dfrac{1.5B}{10}$+5cm，后袖窿深=$\dfrac{1.5B}{10}$+7.5cm，窿门宽=$\dfrac{2B}{10}$-7.5cm，背长（测人体或查规格表）=前腰节长=$\dfrac{号}{4}$。西装前领口宽=（定数）8.5~9.5cm（根据胸围尺寸大、中、小号），或为$\dfrac{0.8B}{10}$+（0~0.3）cm，或为$\dfrac{B}{20}$+（3~3.5）cm。后领口宽=前领口宽。前、后落肩（容纳垫肩厚度1~1.5cm）=4.5~5.5cm或$\dfrac{B}{20}$-0.5cm左右，以前后落肩尺寸相同为基础，亦可实行互借1cm左右。大袋位高与胯骨位相同（由WL向下8.5~9.5cm，即中臀围位置），手巾袋位=BL线，后袖窿翘高=6cm（5.3~6.3）cm或$\dfrac{B}{20}$±调节数。

袖山高=$\dfrac{8.2e}{10}$~$\dfrac{8.5e}{10}$（e：袖窿深均值）或=$\dfrac{AH}{3}$+1cm左右。袖根肥用袖山矩形的"斜线长=$\dfrac{AH}{2}$+1cm（0.8~1.5）cm"，所计算出来的袖根肥通常在$\dfrac{2B}{10}$-1cm左右，符合造型效果。袖肘高=$\dfrac{SL}{2}$+（3~4）cm，由袖山顶向下测得EL线。

（2）前衣片袖窿省缝延长到下摆亦称落地省。使侧片后移，BL线上的省量为2.5cm，WL线上省量为4cm（二者之差为1.5cm相当于腰省），可使下摆处侧缝不重合，便于净纸样裁剪。如若侧片再后移1.5~2cm，即预留出两个缝份，则为裁剪毛样板提供了方便。如图5-2所示。

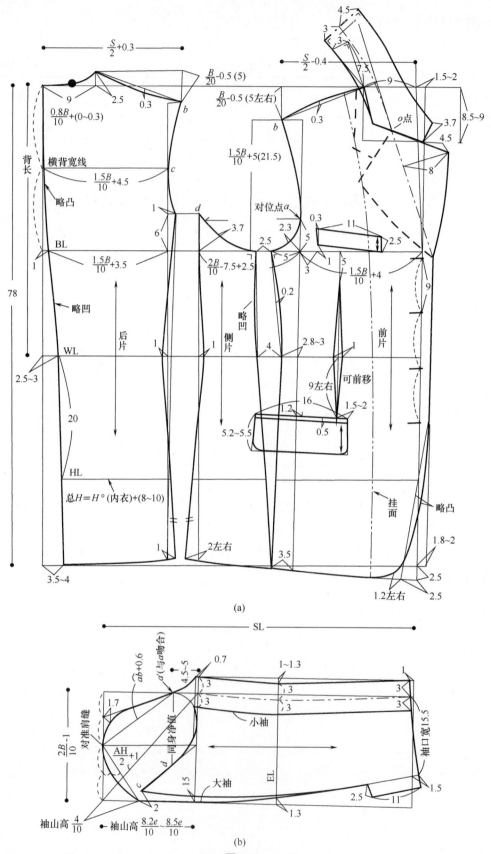

图5-2

二、宽松式戗驳领西装

（一）款式特点

高戗驳领，倒梯形的宽松衣身，收紧下部，夸张肩部，此款是中青年男士秋装的理想选择（图5–3）。

图5–3

（二）制图规格（表5–2）

表5–2　　　　　　　　　　　　　　　　　　　　单位：cm

号/型	后衣长	前衣长	胸围 （B）	总肩宽 （S）	袖长 （SL）	袖口宽	下摆
175/92A	75	77	118	50	62	16	102

衣身纸样设计如图5-4所示。袖纸样设计见图5-2（b）。

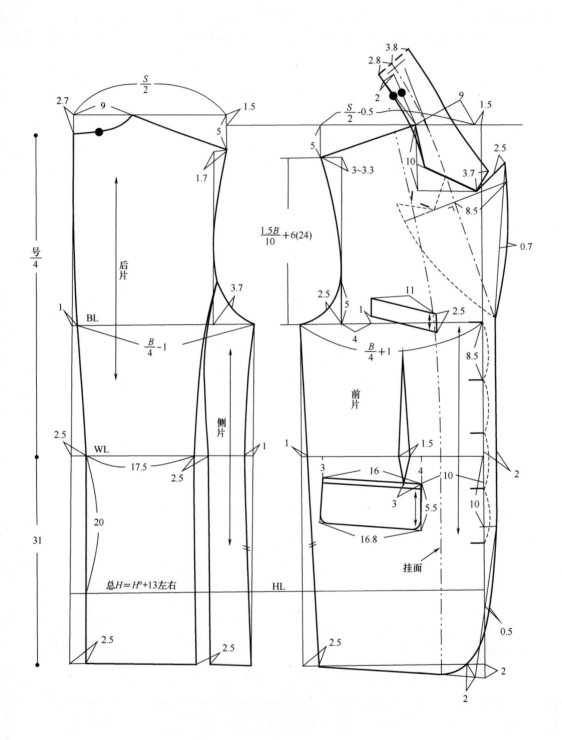

图5-4

三、夹克式防寒短大衣

（一）款式特点

　　镶拼是本款的特点，巧妙地将针织与机织面料结合并利用合理的色彩搭配，可令这件短大衣与众不同，满足男青年追求个性的心理（图5-5）。

图5-5

（二）制图规格（表5-3）

表5-3　　　　　　　　　　　　　　　　　　单位：cm

号/型	衣长	胸围 （B）	总肩宽 （S）	袖长 （SL）
175/92A	88	130	60	61

　　纸样设计如图5-6所示。

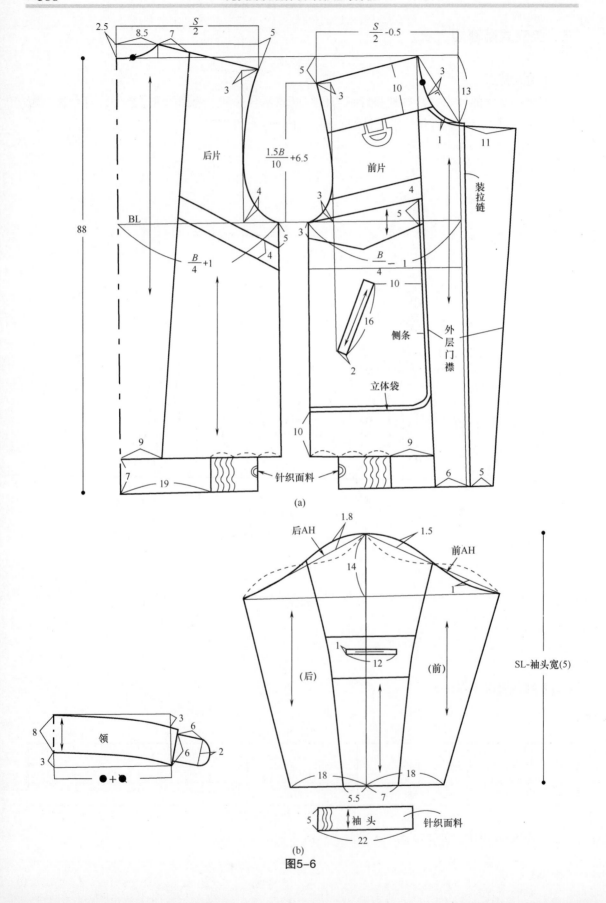

图5-6

四、翻领镶拼式短夹克

（一）款式特点

挖领座翻领，宽松的衣身，大袖窿配低袖山的一片袖。衬衫式的过肩，前、后衣身竖向分割缝较多。胸前口袋新颖别致。袋盖止口镶人造皮革，袖头和下摆也可用皮革或其他材料。硬质面料结合缉明线可恰当地表现该款着装的潇洒气质，深受年轻男士的喜爱（图5-7）。

图5-7

（二）制图规格（表5-4）

表5-4　　　　　　　　　　　　　　　　单位：cm

号/型	衣长	胸围 （B）	总肩宽 （S）	袖长 （SL）	袖口围
170/90A	65	132	54	59	26

纸样设计如图5-8所示。

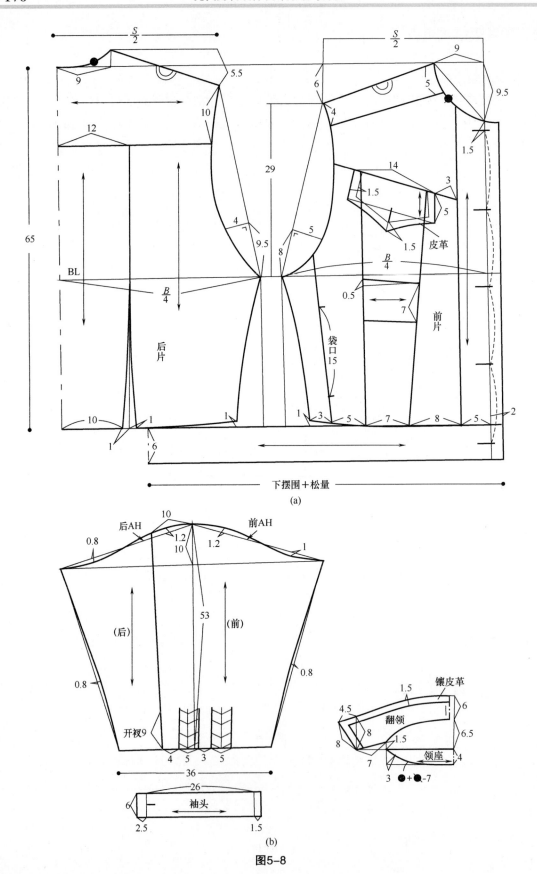

(a)

下摆围＋松量

后AH　前AH

(后)　(前)

开衩9

袖头

(b)

图5-8

五、立领过肩式夹克

（一）款式特点

衣领、袖头和下摆采用针织面料，一片式插肩袖，前后圆弧形大过肩是该款特色。暗门襟，袋盖式挖袋。在各分割缝止口处缉单明线（图5-9）。

图5-9

（二）制图规格（表5-5）

表5-5　　　　　　　　　　　　　　　　　　　　　　　　　　　　　　　单位：cm

号/型	衣长	胸围 （B）	总肩宽 （S）	袖长 （SL）	领围 （N）	袖口围
165/88A	66	110	46	60	43	27

纸样设计如图5-10所示。

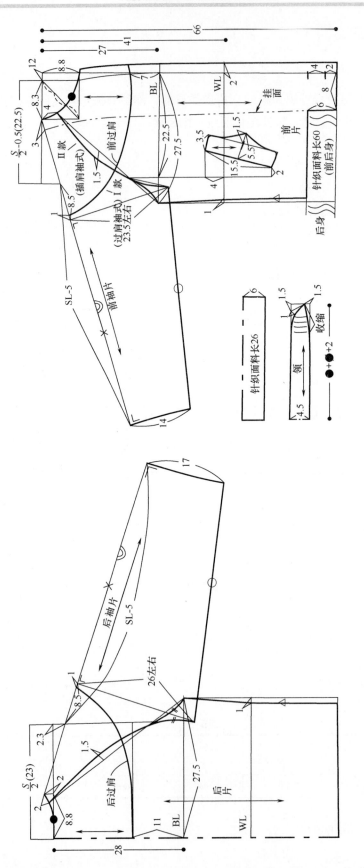

图5-10

六、插肩袖镶拼式夹克

（一）款式特点

翻领，插肩袖，偏门襟。恰当地运用竖向和斜向分割线并绲明线，使该款夹克增添不少情趣。前身的四个口袋布局及所用材料的设计符合潮流，使款式更显帅气（图5-11）。

图5-11

（二）制图规格（表5-6）

表5-6　　　　　　　　　　　　　　　　　　　　　单位：cm

号/型	衣长	胸围 （B）	总肩宽 （S）	袖长 （SL）	袖口围
170/92A	73	138	55	62	28

纸样设计如图5-12所示。

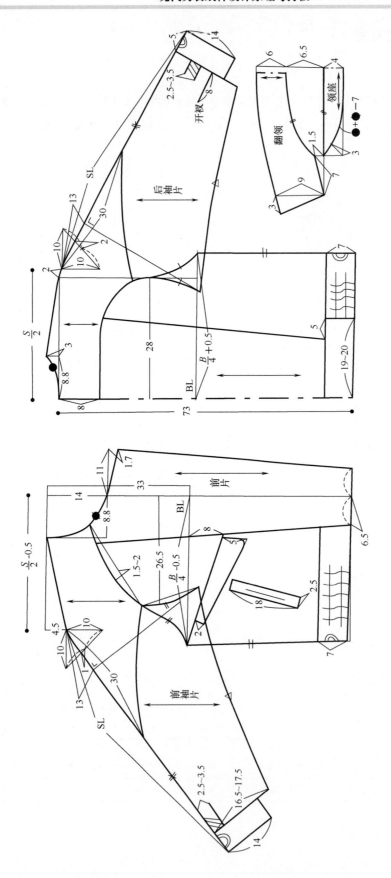

图5-12

七、十字肩袖驳领外衣

（一）款式特点

驳领，明门襟，前、后身有过肩，背中开衩，前身下摆两个贴挖袋。三片式圆装袖，袖中缝与肩缝组合，成为十字肩袖结构。在各分割缝和袋、领、门襟止口处缉单明线。选择薄型、中厚型毛呢料制成，是理想的春秋季外衣（图5-13）。

图5-13

（二）制图规格（表5-7）

表5-7

单位：cm

号/型	衣长	胸围 （B）	总肩宽 （S）	袖长 （SL）	袖口宽
170/90A	85	110	47	63	16

纸样设计如图5-14所示。

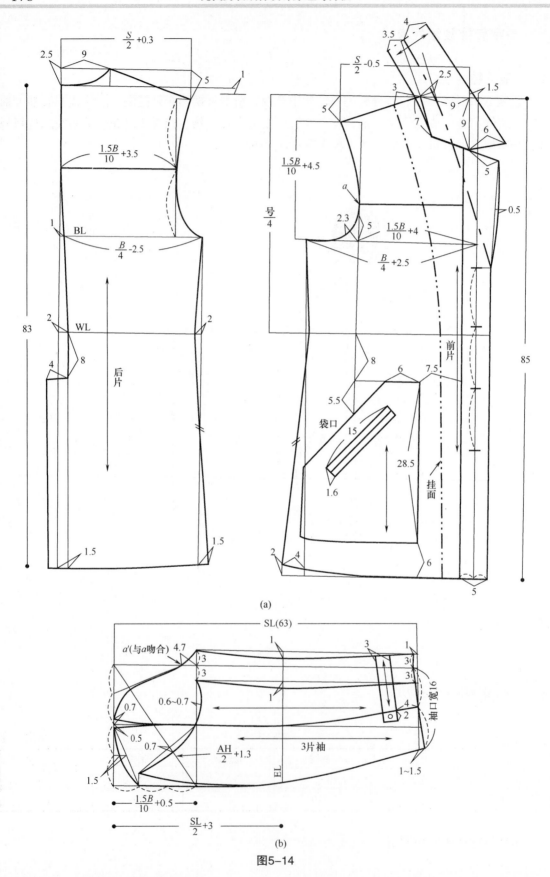

$\frac{S}{2}+0.3$

2.5　9

5

1

$\frac{1.5B}{10}+3.5$

1　BL

$\frac{B}{4}-2.5$

83

2　WL　2

后片

4　8

1.5　1.5

3.5　4

$\frac{S}{2}-0.5$

3　2.5　1.5

5　7　9　9　6

$\frac{号}{4}$

$\frac{1.5B}{10}+4.5$

a

2.3　5　$\frac{1.5B}{10}+4$

$\frac{B}{4}+2.5$

0.5

前片

8　6　7.5

5.5

袋口　15

28.5

挂面

1.6

2　4　6

5

85

(a)

SL(63)

a'(与a吻合)　4.7

3

3

1　3　1

3

3

1

0.7

0.6~0.7

袖口宽16

0.5　0.7

4　2

1.5

$\frac{AH}{2}+1.3$

3片袖

EL

1~1.5

$\frac{1.5B}{10}+0.5$

$\frac{SL}{2}+3$

(b)

图5-14

八、板挖袋平驳领大衣

（一）款式特点

三开身结构，斜向腋下省、板袋，衣身松紧适度，胸、腰、臀放松量分别为20cm、17cm、14cm，是春秋合体毛呢大衣的理想放松量。该款结构是大衣纸样设计的基本结构，可以其为基础设计其他款式（图5-15）。

图5-15

（二）制图规格（表5-8）

表5-8

单位：cm

号/型	衣长	胸围 （B）	总肩宽 （S）	袖长 （SL）	袖口宽
170/90A	95	110	47	60	15.5

纸样设计如图5-16所示。

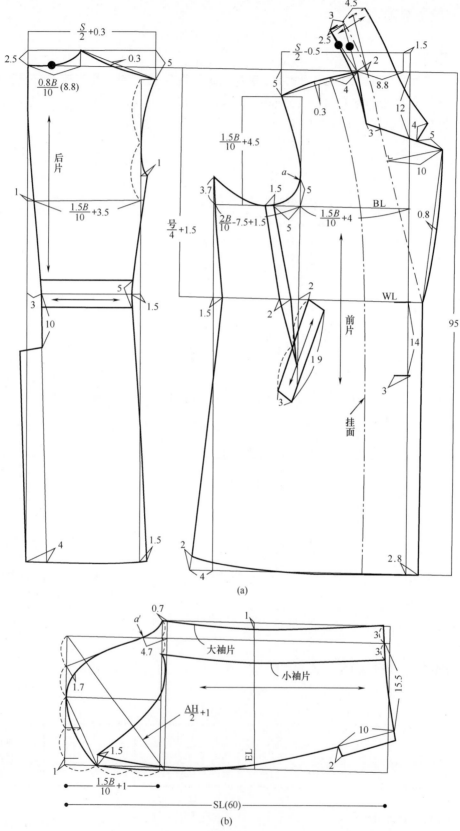

(a)

(b)

图5–16

九、插肩袖双排扣风衣

（一）款式特点

　　此款为双排扣门襟、宽西装平驳领，插肩袖，活过肩，有袋盖明贴袋，腰带可有可无。选择防雨面料可制成风雨衣，选毛呢面料则可制成春秋大衣，若选羽绒面辅料可制成冬季防寒大衣。本款的领、袋型可灵活变化，得到丰富插肩袖大衣的款式（图5-17）。

图5-17

（二）制图规格（表5-9）

表5-9　　　　　　　　　　　　　　　　　　　　　单位：cm

号/型	前衣长	胸围 （B）	总肩宽 （S）	袖长 （SL）
170/90A	115	120	50	62

纸样设计如图5-18所示。

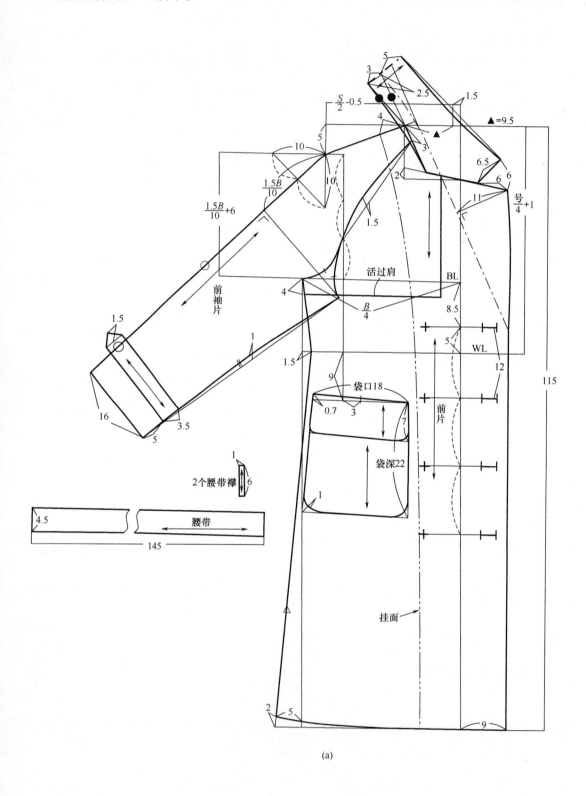

(a)

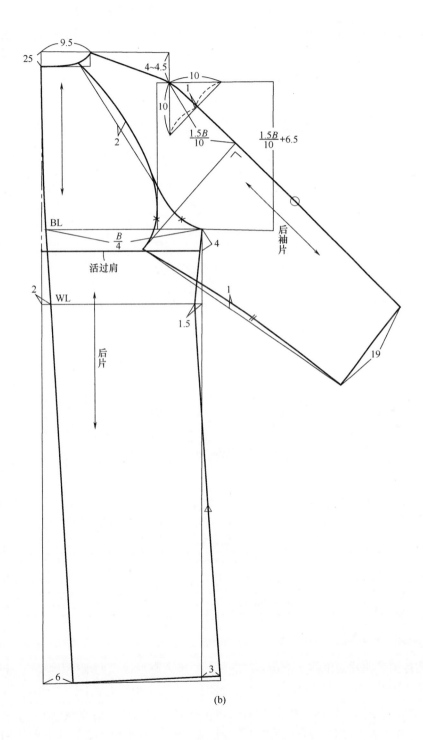

(b)

图5-18

十、三片式插肩袖登驳领风衣

（一）款式特点

此款为双排扣，登驳领，插肩袖，袖口装袖襻调解松紧，肩部肩襻装饰，前后身均为活过肩设计，斜插式挖袋，用腰带束腰。选择防雨面料制成风雨衣，也可选精纺毛料或毛呢料制成春秋大衣，是男士理想的外衣（图5-19）。

图5-19

（二）制图规格（表5-10）

表5-10　　　　　　　　　　　　单位：cm

号/型	衣长	胸围 （B）	总肩宽 （S）	袖长 （SL）	领围 （N）	袖口宽
170/92A	110	118	47	62	44	18

（三）制图要点

（1）准备圆装两片袖纸样（吃势4cm左右），过肩中点设纵向袖中线。

（2）根据基础裁法，把肩部的前、后分割部分移到袖山顶点上。方法如下：用纸把预先画好的肩部复制下来。使前袖窿上的①点对准前袖片的①点，前肩线处的②点对准前袖山弧上的②点，按这两点对准，并把两点接线处画顺即可。后衣片拼移方法与前片相同。

（3）根据上述方法，还可以设计前圆后插袖和前插后圆袖。方法如下：把袖山中线向下延长，袖口宽的中点和袖肘线上的a'点相连。根据各自喜好，舍弃前袖的肩部，则成为款式Ⅱ——前圆后插袖，舍弃后袖的肩部，则成款式Ⅲ——前插后圆袖，以上两款变化时，将袖子的有关虚线变为粗实线。还可变化为过肩袖，见虚线。

纸样设计如图5-20所示。

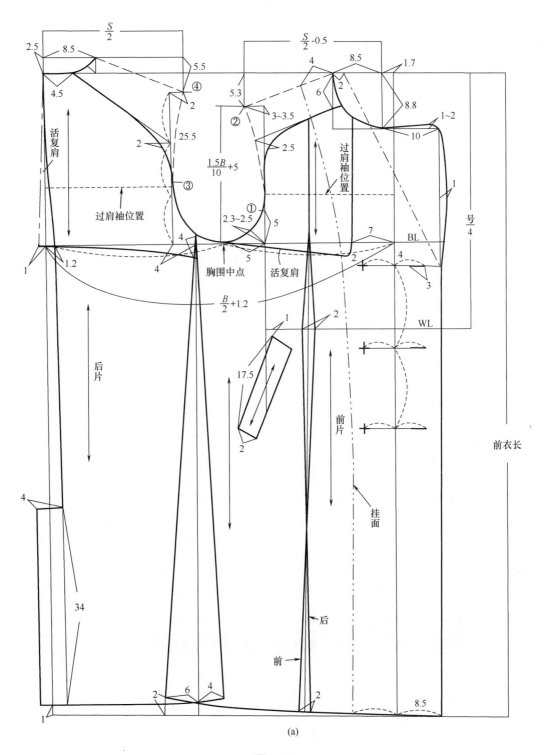

(a)

图5-20

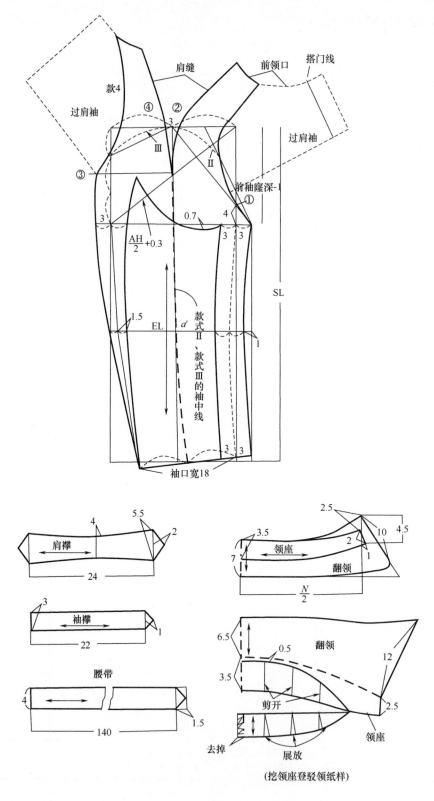

图5-20

十一、登驳领双排扣风衣

（一）款式特点

　　登驳领双排扣风衣，圆装两片袖，前、后身的过肩设计为活动或固定均可。用腰带束腰。选择挺括的精纺毛料或防雨涤卡或新型防雨复合型面料制成，是男士理想的春秋季外衣（图5-21）。

图5-21

（二）制图规格（表5-11）

表5-11

单位：cm

号/型	前衣长	胸围 （B）	总肩宽 （S）	袖长 （SL）	领围 （N）	袖口宽
170/90A	112	116	48	62	44	17.5

　　纸样设计如图5-22所示。

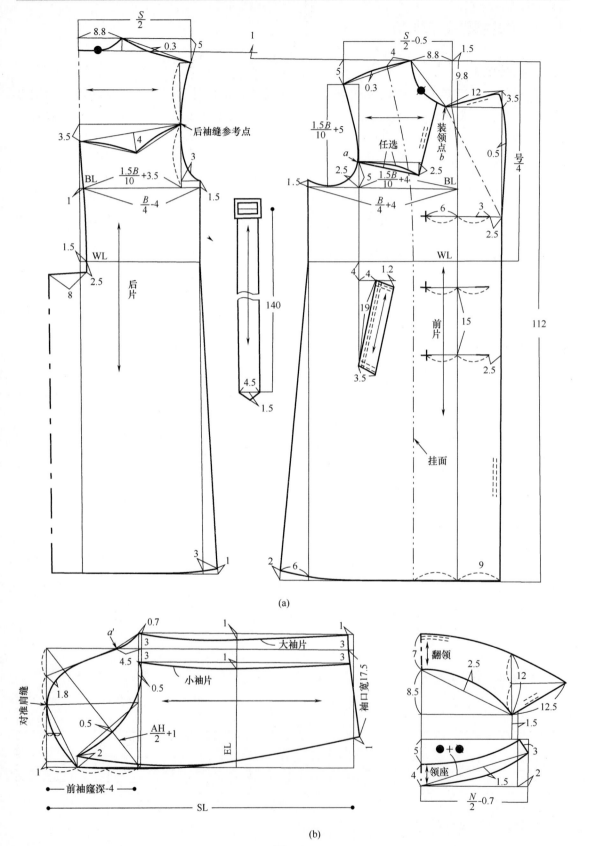

(a)

(b)

图5-22

十二、双排扣军棉大衣

（一）款式特点

　　双排扣，有袋盖的挖袋。领子可选用人造毛、长毛绒。衣身面料选用军绿色涤卡、棉华达呢等（图5-23）。

图5-23

（二）制图规格（表5-12）

表5-12　　　　　　　　　　　　　　　　　单位：cm

号/型	前衣长	胸围 （B）	总肩宽 （S）	袖长 （SL）	领围 （N）	袖口宽
170/92A	115	122	49	67	50	19

　　纸样设计如图5-24所示。

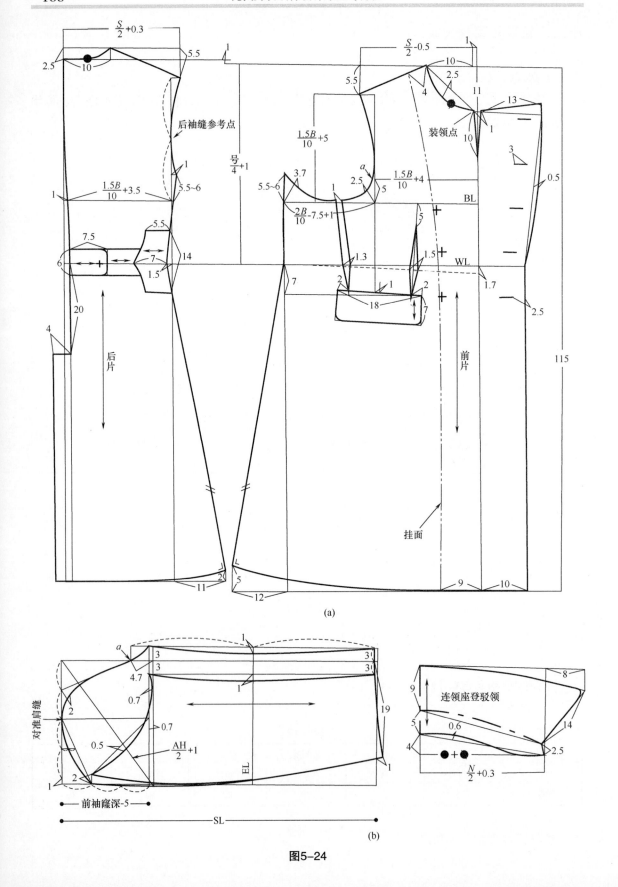

图5-24

十三、双排扣驳领大衣

（一）款式特点

　　双排六粒扣，大翻驳头领，圆装两片袖，斜向板挖袋，属于H型传统男式大衣。选用纯毛或混纺呢绒裁制。适合中、老年男士穿用（图5-25）。

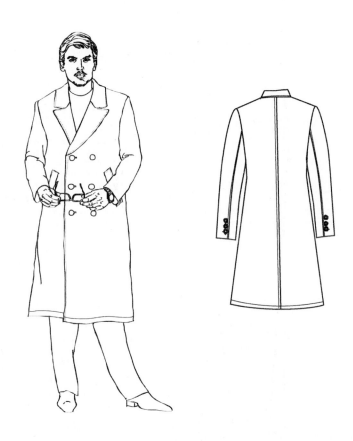

图5-25

（二）制图规格（表5-13）

表5-13　　　　　　　　　　　　　　　　　　　单位：cm

号/型	前衣长	胸围 （B）	总肩宽 （S）	袖长 （SL）	袖口宽
170/94B	110	120	48	63	16

　　纸样设计如图5-26所示。

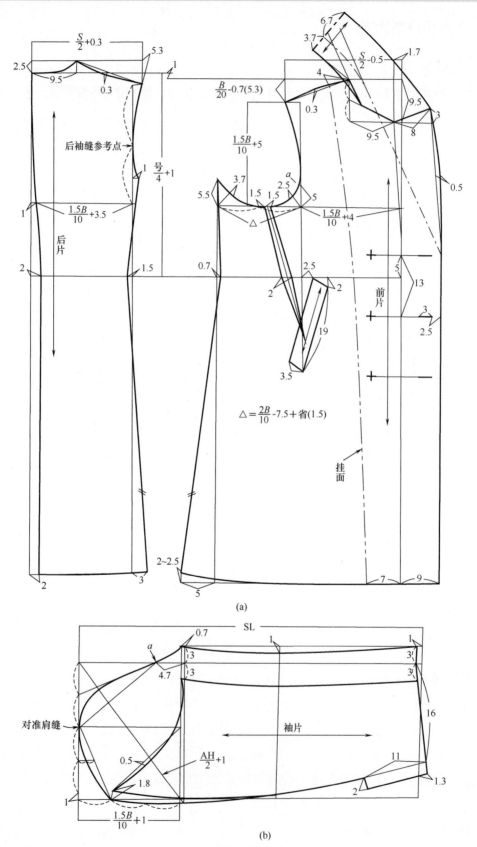

$$\frac{S}{2}+0.3$$

5.3

2.5

9.5

0.3

后袖缝参考点 →

$$\frac{B}{20}-0.7(5.3)$$

$$\frac{S}{2}-0.5$$

1.7

6.7

3.7

4

0.3

9.5

9.5

8

3

0.5

$$\frac{1.5B}{10}+5$$

$$\frac{号}{4}+1$$

1

3.7

1.5

1.5

2.5

a

5.5

5

$$\frac{1.5B}{10}+4$$

1

$$\frac{1.5B}{10}+3.5$$

△

后
片

2

1.5

0.7

2.5

2

2

5

13

前片

3

2.5

19

3.5

$$\triangle = \frac{2B}{10}-7.5+省(1.5)$$

挂面

2~2.5

7

9

5

(a)

SL

0.7

a

4.7

3

3

1

1

3′

3′

对准肩缝

袖片

16

0.5

$$\frac{AH}{2}+1$$

1.8

11

2

1.3

1

$$\frac{1.5B}{10}+1$$

(b)

图5-26

十四、立领明门襟风衣

（一）款式特点

立领，明门襟，胸前的贴袋别致新颖。前、后衣身大落肩，配合低袖山一片袖，肩袖部自然洒脱的造型为这件风衣增添了现代休闲气息（图5-27）。

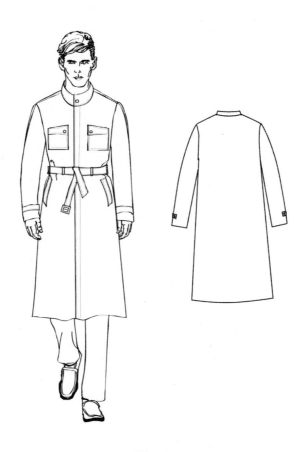

图5-27

（二）制图规格（表5-14）

表5-14   单位：cm

号/型	前衣长	胸围 （B）	总肩宽 （S）	袖长 （SL）	袖口宽	领围 （N）
175/92A	115	118	47	63	17	44

纸样设计如图5-28所示。

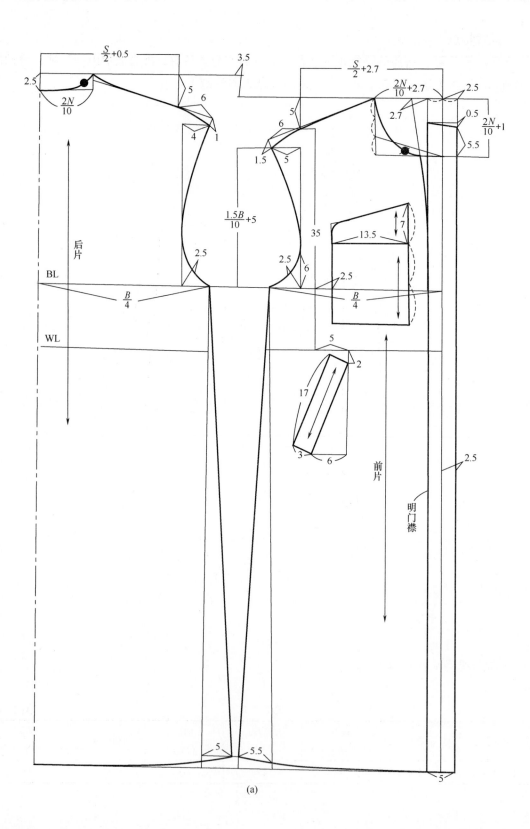

(a)

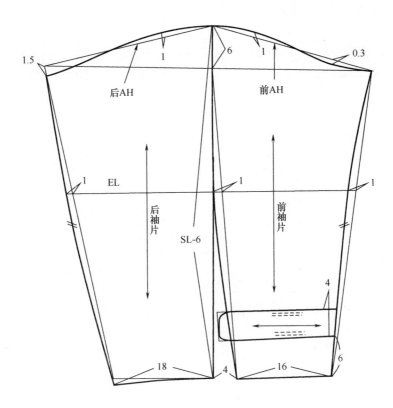

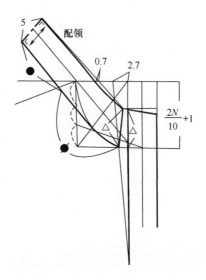

(b)

图5-28

十五、三片式圆装袖刀背缝大衣

（一）款式特点

　　前衣片有刀背线分割，分割处设置板袋式插袋。三片式圆装袖，有袖襻，分割缝处均使用双明线或单明线，使衣服线条清爽明快。尖角驳领，暗门襟。腰带可有可无。选用毛混纺粗或精纺毛料。此款适合多年龄段的男士穿着（图5-29）。

图5-29

（二）制图规格（表5-15）

表5-15　　　　　　　　　　　　　　　　　　　单位：cm

号/型	前衣长	胸围 （B）	总肩宽 （S）	袖长 （SL）	袖口宽
170/90A	112	116	48	62	16

　　纸样设计如图5-30所示。

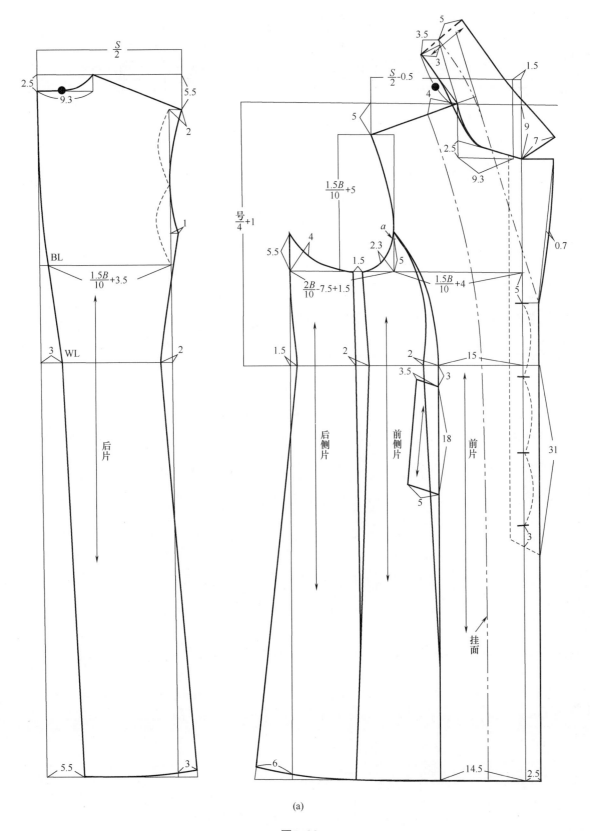

(a)

图5-30

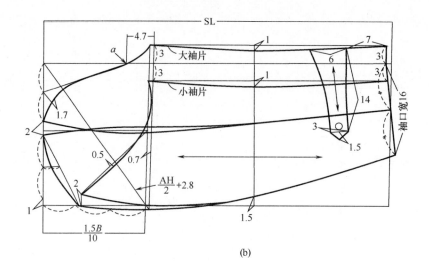

图5-30

十六、中式便服

（一）款式特点

传统的中式立领和连袖，无搭门而另加里襟贴边的对襟款式。钉子母扣（暗门襟）或钉葡萄扣（直纽襻）。该款中式上装适合不同年龄段的男士穿着。选料广泛，可制作成单、夹、棉、皮装，是我国传统男装品种之一（图5-31）。

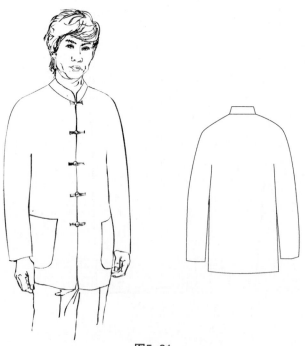

图5-31

（二）制图规格（表5-16）

表5-16　　　　　　　　　　　　　　　　单位：cm

号/型	前衣长	胸围 （B）	总肩宽 （S）	袖长 （SL）	袖口宽
170/90A	73	114	45	82	18

（三）制图要点

（1）双层折布，在布上直接制图，参照纸样设计图公式。使前身在下摆撇出2~2.8cm。

（2）用单幅面料时，袖长（在中式便服中称为"出手长"，是指由后中线即后领口中点经肩端点量至袖口的尺寸，包含总肩宽尺寸）。尺寸不够可以拼接横料，接缝处搭接两个缝份1.5cm。

（3）领口最后绘制，前片："前领口深"是由肩折叠线向下量出"$\frac{2N}{10}+1.5\text{cm}$左右"，"领口宽"是"$\frac{2N}{10}-1\text{cm}$"，后领口应将肩折叠线展平（前后身）再画，后领口深为1.3cm左右，袖口和下摆须留有折边，宽4cm左右。

（4）依据前中线长度加出门襟贴边和双层里襟用量，宽为4cm左右。

纸样设计如图5-32所示。

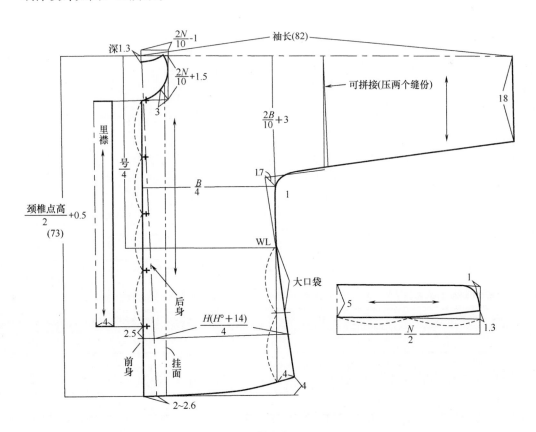

图5-32

十七、中山装

（一）款式特点

中山装造型大方、严谨美观，具有独特的中国民族风格，在国际上代表我国的男子正式礼服。其造型是以男西装三开身结构为基础设计的。肩部略宽，胸背部和袖子略宽松，臀部合体，腰部略收，呈不明显的V型。有领座的翻领宽窄和围度适宜，四个有袋盖的贴袋。装平面垫肩厚1.5cm左右，选料广泛，可随服装工艺的档次，选择精纺全毛、混纺、化纤等衣料。中山装可以当普通装日常穿用（图5-33）。

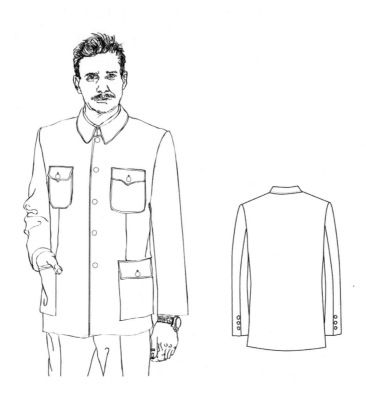

图5-33

（二）制图规格（表5-17）

表5-17　　　　　　　　　　　　　　　　　　　　　单位：cm

号/型	前衣长	胸围（B）	总肩宽（S）	袖长（SL）	领围（N）	袖口宽
170/90A	74	113	47	62	41.5	15.5

纸样设计如图5-34所示。

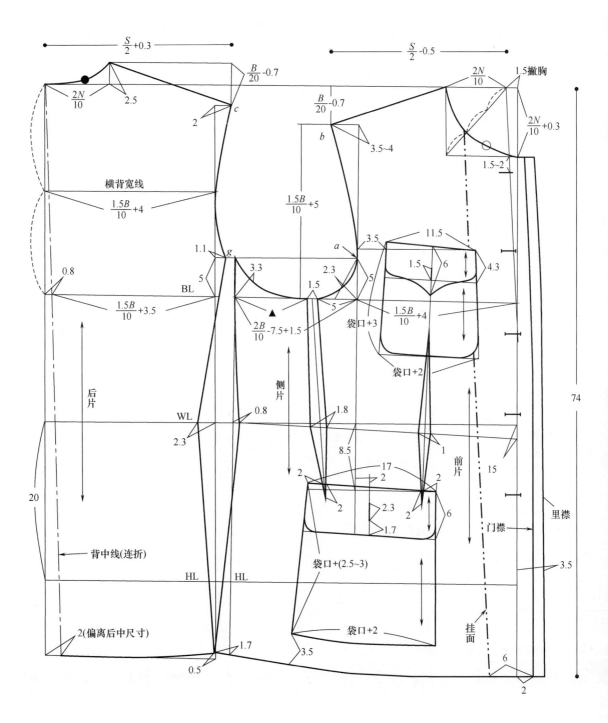

(a)

图5-34

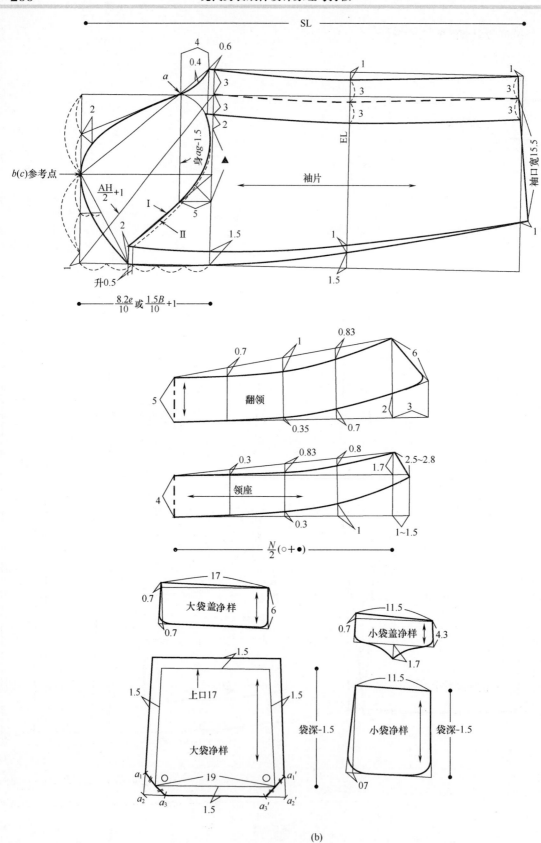

(b)

图5-34

十八、凸腹体平驳领单排二粒扣西装（图5-35）

图5-35

（一）制图规格（表5-18）

表5-18　　　　　　　　　　　　　　　单位：cm

号/型	后衣长	胸围 （B）	总肩宽 （S）	袖长 （SL）	净腰围 （$W°$）	净腹围	净臀围 （$H°$）	袖口宽
170/102C	76	120	48	62	100	108	104	16

（二）制图要点

（1）前身肥胖量的设计：该款采用计算公式来确定肥胖量的大小。肥胖量=$\frac{1}{2}$（净腰围+胸腰标准差-净胸围）=$\frac{1}{2}$（100cm+12cm-100cm）=6cm，一片衣片的肥胖量=$\frac{1}{2}$×6cm=3cm，由腰围线上前中线d点往外量3cm为e点，即de=3cm（肥胖量）。

（2）前门襟结构设计：以o点为基点，向上放出撇胸量，向下放出肥胖量。

（3）腋下的落地省：将前片和侧片之间拉大距离，即3cm包括1cm省量和2cm缝份，这样可方便直接裁剪出毛样板。

（4）腹省：在袋口处设计1cm腹省，并在下摆处补1cm。

（5）袖纸样设计：袖标点a'与衣身a点吻合，袖顶点b'与衣身b点吻合，后袖缝顶点c'与衣身c点吻合，c'可稍移下些。袖中线后移，其中袖顶点b'的位置是由衣身"弧长ab+1"确定的。袖山弧长$\overparen{a'b'}$>袖窿弧长$\overparen{ab}$，大2cm左右为吃势，调节数（1cm）可根据需要灵活增减。

袖山高较低，约为8e/10（e：袖窿深均值），由于圆胖体型的窿门宽尺寸较大，当前后袖窿封闭时，形状接近于圆，测量出的"袖窿深h+（0.5~1）cm"=袖山高，而该公式"$\frac{8e}{10}$"（可在$\frac{8e}{10}$~$\frac{8.2e}{10}$之间变化）是依据多种胖体纸样设计实例而总结的，实践证明该公式简单实用。

纸样设计如图5-36所示。

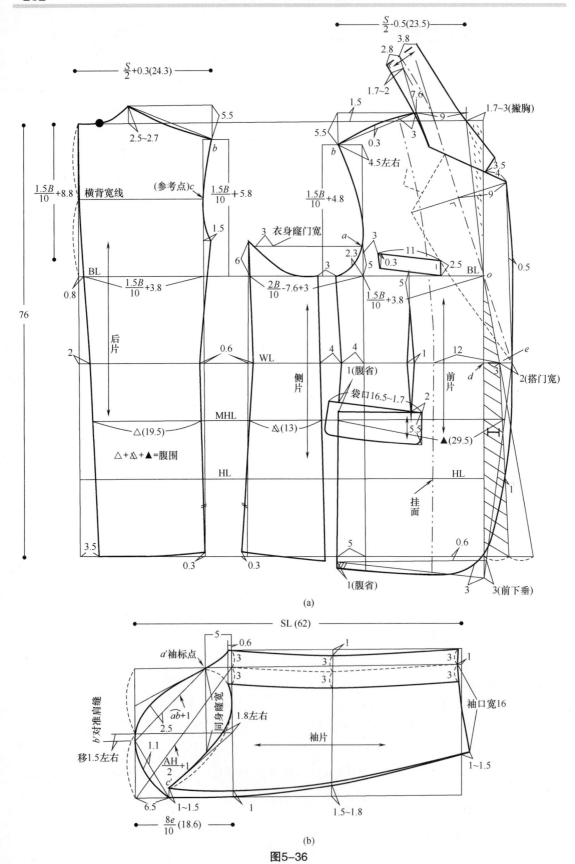

(a)

(b)

图5-36

十九、凸腹体戗驳领双排扣大衣（图5-37）

图5-37

（一）制图规格（表5-19）

表5-19　　　　　　　　　　　　　　　　　　　　　单位：cm

号/型	前衣长	胸围 （B）	总肩宽 （S）	袖长 （SL）	袖口宽
170/104	112	130	50	63	19

（二）制图要点

（1）前门襟肥胖量设计：胸围线上的o点向上加出撇胸量1.7～3cm，挺胸体选高值。腰围线向下4cm处b点向外放出2cm肥胖量。

（2）腹部较凸体型应在袋口处加腹省，由于腰围较大，可去掉胸腰省。采用方法：使后袖窿和后腰节尺寸降低约2cm。凸腹体多伴随着挺胸体，即后身变短，所以应降低后腰节高度。

（3）袖山高可通过多种技法获得，公式法"前袖窿深-4cm"，简单易行。最好根据"平面测量法"实验，即通过"封闭袖窿圆"测得袖山高。袖口宽尺寸略大为19cm，可与袖根肥尺寸取得协调。

纸样设计如图5-38所示。

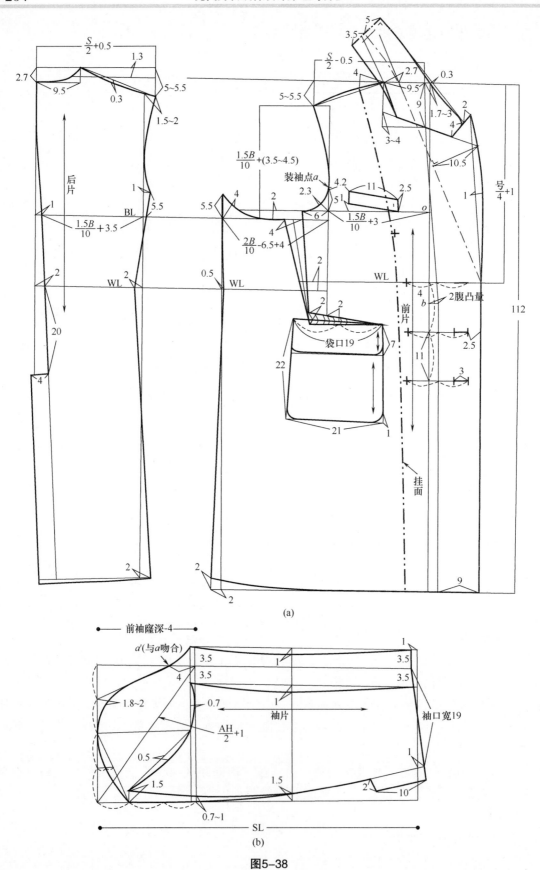

(a)

(b)

图5-38

第二节　长裤纸样设计

　　裤子是服装的一个大类品种，款式变化丰富。裤子的结构造型主要以变化裤子的长短和宽松程度为主要手法，同时还应注意裤子的腰位高低、口袋形状及结构、分割线位置等变化所起的装饰作用。裤子的分类有两种方法：按长度变化可分为运动短裤，长度接近臀部，可与T恤配套，表现青春活力；西装短裤的长度在大腿中部变化，是夏季的常用装；中裤长度在膝至小腿中部之间变化，可作为旅游或居家穿着；西装长裤（西裤）的长度至脚背，可与西装上衣和大衣等配套，适合各种场合穿着。

　　按裤子的造型分类主要有马裤、灯笼裤、锥形裤、喇叭裤、筒裤等。通常根据裤子的面料、造型及长度来命名，如牛仔裤、毛料男西裤等。目前常穿的普通长裤也称西裤，是裤子的基本型，属于合体裤，臀腹部略宽松，裤腿肥瘦适中，裤脚口比中裆略瘦一点或呈直筒形。整体造型挺拔美观。

一、长裤基本纸样（图5-39）

图5-39

（一）款式特点

装腰头，斜插袋。后一字形嵌条挖袋，钉一粒扣，一个或两个袋均可。前身四个反褶、后身四个腰省，按对称形式分布。前门襟、里襟锁钉3～4个纽扣，属传统形式，也可简化为装拉链的式样。

（二）制图规格（表5–20）

表5–20　　　　　　　　　　　　　　　　　　　单位：cm

号/型	裤长	腰围（W）	臀围（H）	脚口宽	净腰围（H°）
165/68A	104	70	100	22	90

（三）长裤基本纸样的结构特点

裤子要想做得合体，就必须正确地观察人体及测量必要的数据。裤子纸样需要裤长、上下裆、腰围、臀围、裤口宽等尺寸。通常按以下顺序测量：总裤长包括腰头宽4cm左右→上裆（也可计算）→下裆→腰围→臀围→裤口宽。

裤子是由三个几何形体组成的，以人体臀沟为界，向上至中腰是容纳腹、臀部位的扁圆体，向下至踝骨是容纳下肢部位的两个圆柱体。按人体前、后中心线的平面和通过人体左、右侧线的平面，分别将其分割并展开得到对称的前、后四片裤片。从纵横两方面观察，裤片的关键结构中，长度可分为上裆和下裆，围度可分为腰围、臀围、腿根围（横裆）、膝围（中裆）、裤口（裤摆围）。上述平面结构是通过底裆（大、小裆相连接而形成的凹曲弧线）的连接而形成符合人体的裤片。本书仅从裤片关键部位的计算方法入手，着重介绍几种有实用价值的比例计算公式，供制板参考。

说明：以下公式中的"臀围"是成品臀围，当成品臀围=$H°$+（8～15）cm时，此公式成立，否则公式中的调节数要适当增减0.3cm左右。宽松裤和紧体裤、牛仔裤、弹力裤等特殊款式还应结合造型灵活确定各部位尺寸。

（1）上裆计算公式（不包括腰头）：$\frac{H}{4}$+（0～0.7）cm或$\frac{裤长}{10}+\frac{H}{10}$+（6～7）cm。

（2）裆宽：裆宽是前腹（前裆缝）至后臀（后裆缝斜线）的跨距，由人体该部位厚度决定。将平面的前、后裤片裆尖相对，臀围线上前、后裆缝之间的距离就是跨距。

制图时分为小（前）裆宽和大（后）裆宽。

①小裆宽=$\frac{0.5H}{10}$-（0.7～1）cm，控制数4.5～5.5cm为宜，按大、中、小号取值。

②大裆宽=$\frac{H}{10}$+（0～1）cm。

大、小裆宽之和约占臀围的$\frac{1.5}{10}$左右。由于要加上后臀围线处的裆缝困势2cm左右，所以跨距大于大、小裆宽之和，约为$\frac{1.6H}{10}$。

（3）后裆缝倾斜角度。为了满足人体后部的腰臀差，裤片后裆缝采用斜线的结构形式。测量人体后部垂直倾角 θ，可知正常体为11°左右，因此，设计正常体裤片的 θ=11°左右即可。简易法可用三角函数值代替。

首先是确定前、后臀围线位置，用"定数9cm"表示横裆线至臀围线的距离（臀围高），用"定数1cm"表示落裆（后横裆线比前横裆线向下开落的尺寸），10cm表示三角形的长直边，短直边用1.8~2cm表示（约10°~11°）后裆缝倾斜量，该方法简便实用易记。

（4）后翘：后翘是指后腰线在后裆缝处的升高量，一般为2~3cm，后裆缝一般应与后腰围线的夹角成90°为宜，大于90°时，可用光滑的凹曲线修饰。

（5）褶裥与省缝：前裤片用平行褶裥和钉形褶裥各一个，后裤片用两个省缝（一个省时适用于腰大臀小体）的结构形式解决裤片的腰臀差数。男裤多数需装后挖袋，因此两个省长度一致。

（6）前、后臀围大（宽）：前臀大= $\dfrac{H}{4}$ -1cm，后臀大= $\dfrac{H}{4}$ +1cm（ H ：成品臀围），目前流行的"老板"裤，前片有三只裥，前、后裤片肥度相同都用 $\dfrac{H}{4}$ 表示。

（7）前、后腰围大：与臀宽比例一致，即前腰大= $\dfrac{W}{4}$ -1cm+褶量，后腰大= $\dfrac{W}{4}$ +1cm+省量（ W ：成品腰围）。

（8）中裆宽：中裆宽是中裆即膝部的宽度，既可以直接测量，也可以用比例公式计算得出，然后按照前小后大的比例进行分配。

前中裆宽= $\dfrac{2H}{10}$ +（1~2）cm。

后中裆宽= $\dfrac{2H}{10}$ +（5~6）cm。

（9）脚口（裤口）宽：将脚口尺寸按照前小、后大的比例进行制图。前片脚口宽=脚口宽-2cm，后片脚口宽=脚口宽+2cm。

（10）袋口：插袋有斜插、直插之分，不论何种，男裤袋口大约16~17cm，袋口上封结距腰围2.5~4cm。

裤子及斜插袋等纸样设计如图5-40所示。

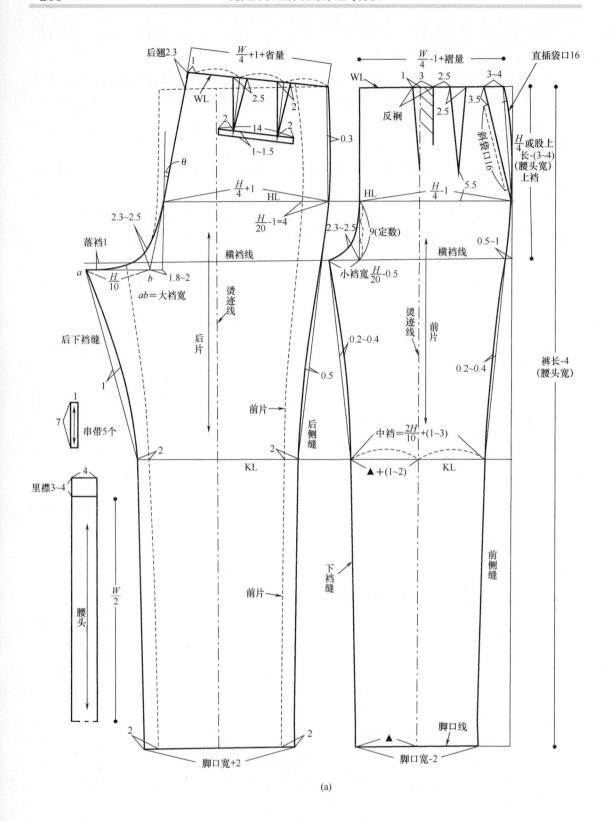

后翘2.3

$\dfrac{W}{4}+1+$省量

$\dfrac{W}{4}-1+$褶量

直插袋口16

WL

WL

2.5

1 3 2.5

3~4

反裆

2.5

3.5

斜袋口16

$\dfrac{H}{4}$或股上长-(3~4)(腰头宽) 上裆

2

14

2

1~1.5

0.3

θ

$\dfrac{H}{4}+1$

HL

HL

$\dfrac{H}{4}-1$

$\dfrac{H}{20}-1=4$

5.5

2.3~2.5

2.3~2.5

9(定数)

0.5~1

落裆1

横裆线

横裆线

a

$\dfrac{H}{10}$

b

1.8~2

小裆宽 $\dfrac{H}{20}-0.5$

$ab=$大裆宽

烫迹线

后片

前片

后下裆缝

0.2~0.4

烫迹线

0.5

前片→

后侧缝

0.2~0.4

1

前片→

1

串带5个

中裆$=\dfrac{2H}{10}+(1~3)$

7

KL

KL

2

2

▲+(1~2)

里襟3~4

4

裤长-4(腰头宽)

下裆缝

$\dfrac{W}{2}$

前片→

前侧缝

腰头

2

2

▲

脚口线

2

脚口宽+2

脚口宽-2

(a)

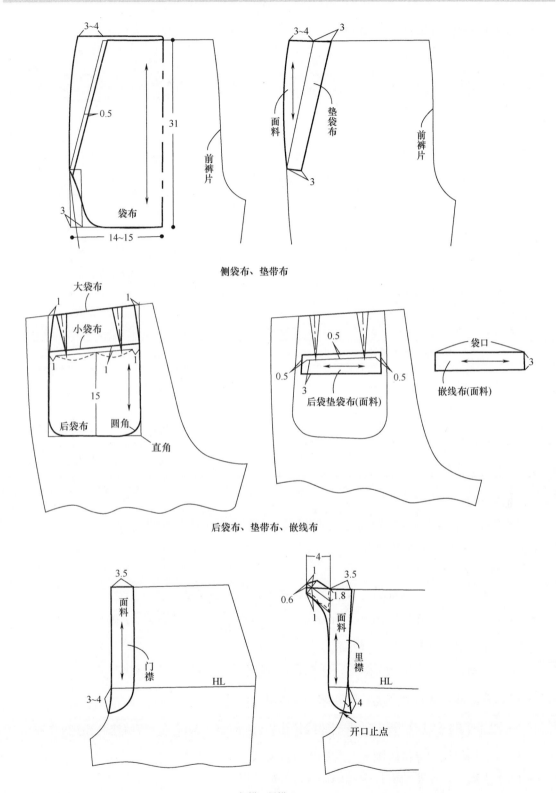

側袋布、墊帶布

后袋布、墊帶布、嵌線布

門襟、里襟

(b)

图5-40

二、普通长裤（摞裁法，图5-41）

图5-41

（一）制图规格（表5-21）

表5-21 单位：cm

人体尺寸	号型	净腰围（$W°$）	净臀围（$H°$）	腰围高	股上长	裤子尺寸	裤长	腰围（W）	臀围（H）	上裆	脚口宽
	165/70A	70	88	100	26		101	72	102	25	22
	170/74A	74	92	103	27		104	76	106	26	23
	175/78A	78	96	106	28		107	80	110	27	24
	180/82A	82	100	109	29		110	84	114	28	25

（二）制图特点

摞裁法是国内常用的裁剪方法，简便易行，尤其有利于单件制图裁剪。

1.前裤片制图（参照图5-40）

2.后裤片摞裁法制图说明

（1）烫迹线定位：与前烫迹线重叠后，按前片延长上平线。

（2）侧缝困势：在臀围线上，由前侧缝直线量出$\frac{H}{20}$-1cm作直线即为侧缝直线。

（3）落裆线：比前横裆线低1cm。

（4）后翘高：由上平线上量2.3~2.5cm，作短平行线。

（5）臀围大：在臀围线上，由侧缝困势量进（$\frac{H}{4}$+1cm）作点。

（6）腰围大：在腰口线上，由侧缝线量出$\frac{W}{4}$+1cm+省（3cm）。与后翘高相交。

（7）后裆斜线：连接腰围大与臀围大点并延长交于落裆线。

（8）中裆大：比照前裤片中裆两边各放2cm。

（9）脚口大：比照前裤片脚口两边各放2cm。

后裆大、袋口、省位、后裆弧、下裆线、侧缝线、脚口线，均与单独绘制方法相同。

纸样设计如图5-42所示，袋布、门里襟、垫袋布纸样参见图5-40（b）。

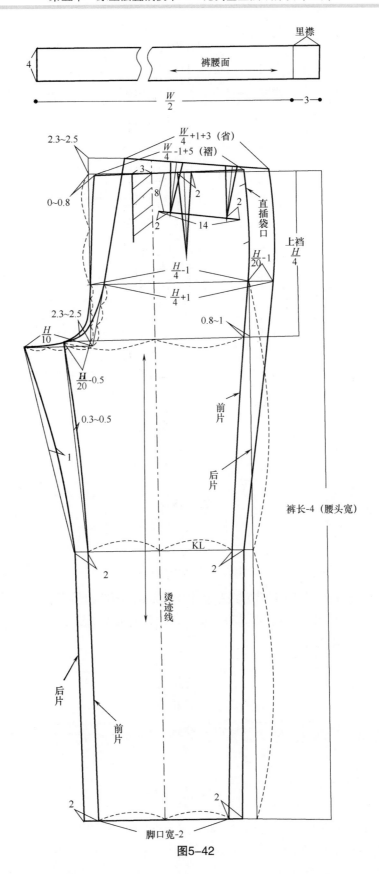

图5-42

三、连腰头贴体长裤（图5-43）

图5-43

制图要点：

这是日本文化式男裤基本型。臀围松量至少是8cm，裤筒也较贴体，适合青年人穿着，按照这种造型设计瘦型牛仔裤最适宜。裤腰也可以变化成装腰头式样。

纸样设计如图5-44所示。

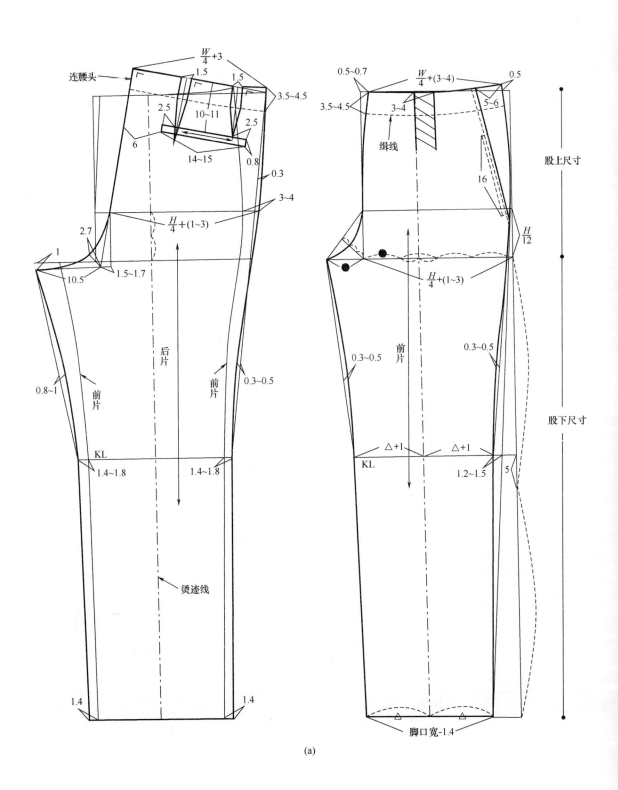

(a)

图5-44

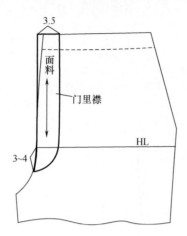

门里襟

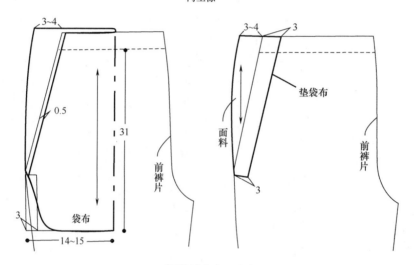

侧斜插袋袋布、垫袋布

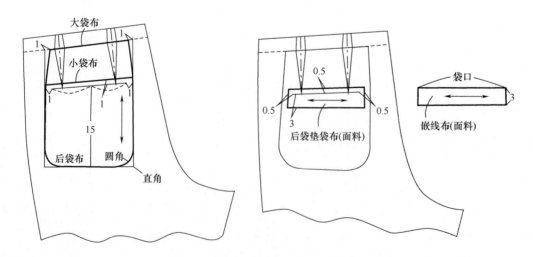

后袋袋布、垫袋布、嵌线布

(b)

图5-44

四、男凸腹体连腰头长裤

制图要点：

连腰头长裤，前身左右各1个活褶，后身左右各1个省，以符合腰围尺寸大的制图需要。由于腹部凸出，而将前裆缝的凸势画出，同时前上裆长度也要加出。由于臀围尺寸较大，所以在设计腿围尺寸时，应由上至下有协调地过渡，另外，小腿至裤口尺寸不能太瘦。前裤褶向前折叠形成正褶看起来更加美观。

纸样设计如图5-45所示。门里襟、侧插袋袋布、后袋袋布、垫袋布、嵌线布纸样可参考图5-44（b）。

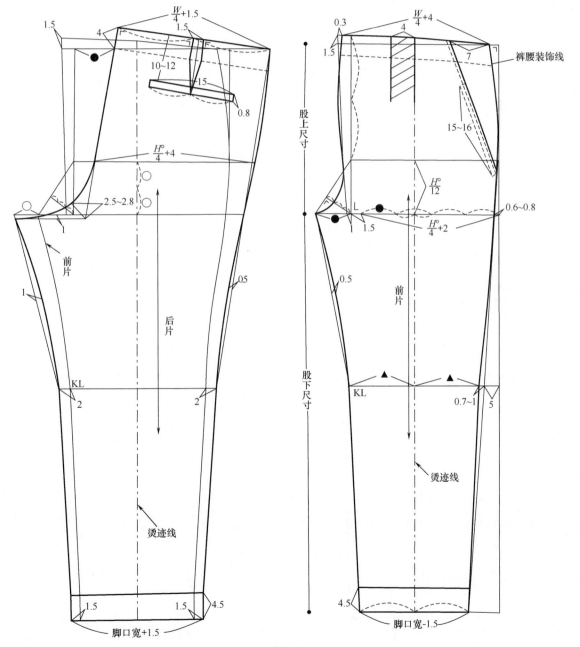

图5-45

五、普通长裤（中日结合方法）

制图特点：

采用日本文化式与中国比例式裁剪相结合的方法设计了此款裤子纸样。

纸样设计如图5-46所示，袋布、门里襟、垫袋布、嵌线布纸样可参考图5-40（b）。

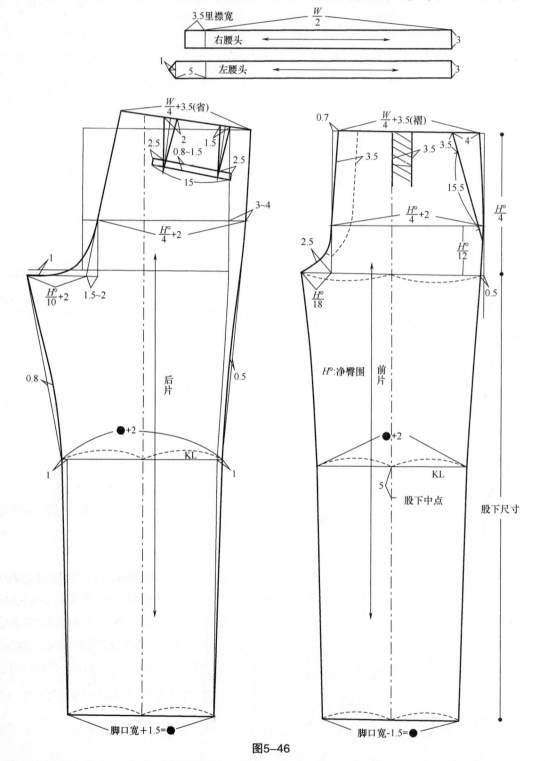

图5-46

六、普通长裤（毛份直裁法，图5-47）

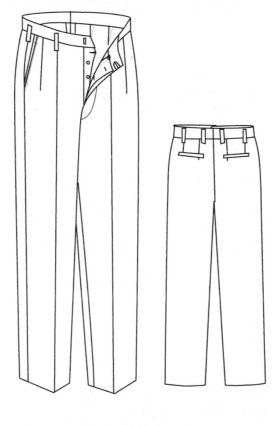

图5-47

　　在服装行业，不论是批量生产还是单件加工裤子，有经验的技师习惯于打毛份样板或直裁。因为裤样板结构简单造型稳定，实践证明这种传统技艺应用起来简便实用且不变形。下面介绍裤子的毛份直裁法。

　　纸样设计如图5-48所示。

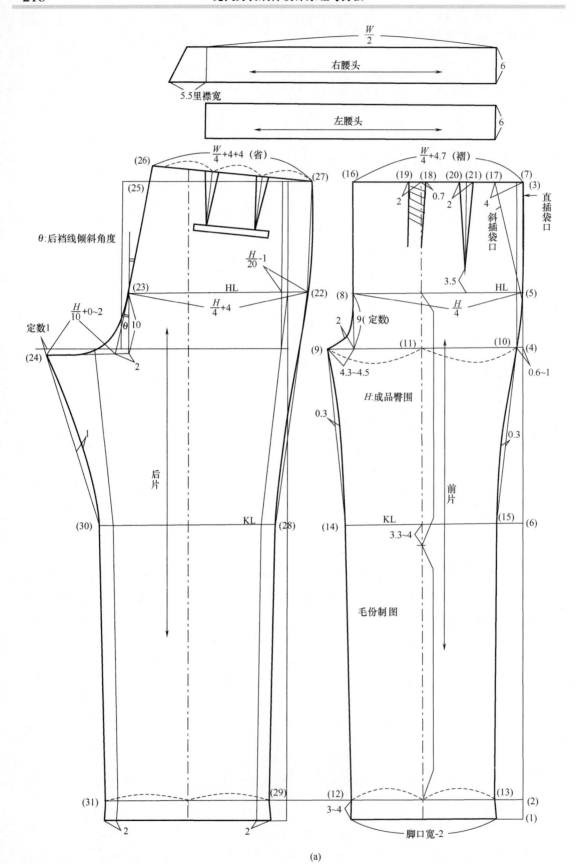

(a)

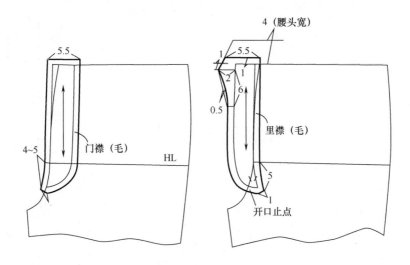

门襟、里襟

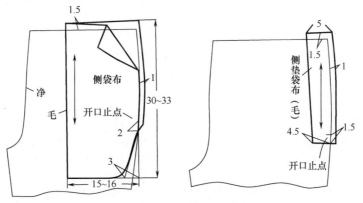

侧直插袋袋布、垫带布

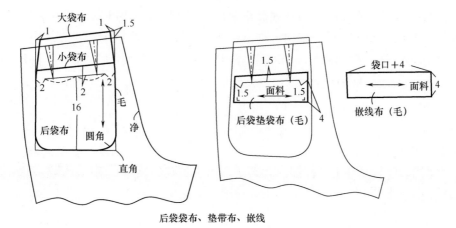

后袋袋布、垫带布、嵌线

(b)

图5-48

第六章　纸样的制作、复核与确认

第一节　纸样的分类与脱板技术

一、纸样分类

服装纸样是服装结构最具体的表现形式，也称服装样板、板型或服装模板，是服装行业的专业用语，它是各种样板的统称。做服装纸样的过程叫出纸样，专业名称应该是服装结构设计，服装结构设计是服装设计的重要组成部分，是服装厂的核心技术，它是联系创作设计和工艺设计的桥梁，是第二设计。其中包括：单件裁剪的个人纸样，批量生产的工业纸样，服装纸样的制作是服装生产程序中最重要的环节。当服装设计师设计出服装效果图后，就必须通过结构设计来分解它的造型。即先在打板纸上画出它的结构制图，再制作出服装结构的纸样，然后利用服装纸样对面料进行裁剪，并由车缝车出样衣。经修改后，这套服装纸样就被定型，除了加缩水之类的更改以外，这套纸样就被作为这个款的标准纸样。由于工业样板要反复多次地使用，所以，工业样板要采用较厚的板纸或卡纸来制作。各国、各地区或服装集团使用不同类型的纸样，如只在欧洲适用的欧洲号型纸样，只在日本适用的日本号型纸样，以及还有特殊体型纸样等等。尽管纸样种类较多，仍可按用途归为两大类即普通纸样和工业纸样。

本书所列举的各款服装纸样设计，不仅体现了服装款式的结构设计，也表达了现代男装的造型、风格、款式、规格的整体风貌。这些款式的纸样多采用净粉制图，并且以.前、后片相连，小袖画在大袖之内，插肩袖类服装的身袖相连，衣片内有分割线或结构线重叠等方式制图，直观地表达了平面结构图与立体效果图之间的紧密配合关系，它们是由立体造型向平面结构转化的基础板型，都需要经过"脱板"、"添加"和样衣修正等技术处理，才能成为可供裁制的服装纸样并按处理方式的繁简程度，可变化为工业纸样和普通纸样。

二、脱板技术

在1：1比例的净粉纸样上，按照由大到小、由主到辅的顺序，用压线器沿着结构线和分割线逐片压印在样板纸上，这种将"结构设计图"分解并剪开为若干片的过程称为"净样脱板"技术。

1：1比例的净纸样脱板后有三种用途，一是可做普通纸样，主要用于个人单件裁剪，普通纸样有净样和毛样之分；二是在批量生产作为做定位板，以核对某些部位和部件位置的正确性。三是为制作工业纸样，亦称生产纸样作准备。

第二节 净纸样到毛纸样的技术处理

一、净纸样脱板

净纸样，后衣片不论是否有背中缝，一律可以半身纸样为准，使用时灵活处理。并只有面布纸样即可，它可以代替里料纸样、衬料纸样和挂面纸样等。普通纸样制作虽然简单，但使用却需要有丰富的制作经验。

普通毛粉纸样的制作方法，以净纸样设计图4-44为例进行说明。将净纸样脱板后添加缝份、折边、再标注纱向符号即成。如图6-1（a）所示。

二、加放缝份的技术处理

（一）立领贴袋腰带式外衣（净纸样设计图4-22）

前后衣片、袖片、口袋、衣领等加放缝份的方法如图6-1（b）所示。

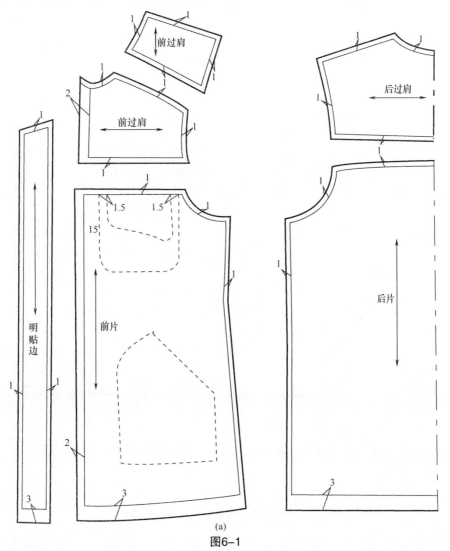

(a)

图6-1

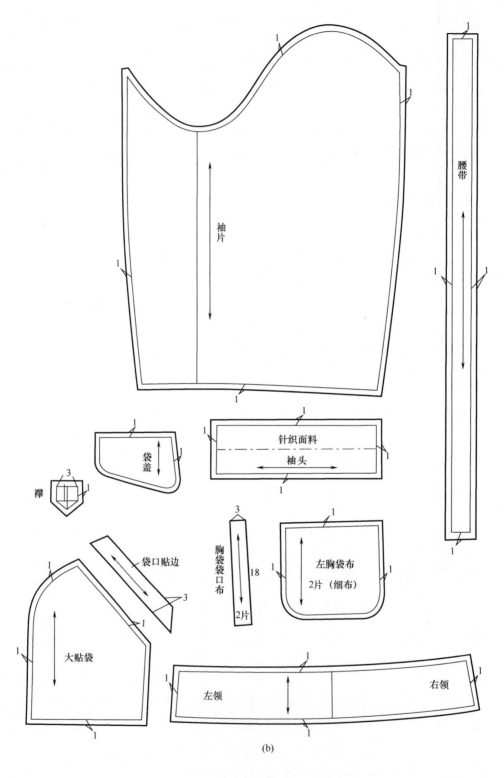

腰带

袖片

袋盖

针织面料
袖头

襻

胸袋袋口布
18
2片

左胸袋布
2片（细布）

袋口贴边

大贴袋

左领　　　右领

(b)

图6-1　上衣面净纸样脱板及加放缝份的方法

（二）平驳领两粒扣西装（净纸样设计参见图3-1）

（1）男西装衣面脱板及加放缝份的方法如图6-2所示。

（2）西装大小袖面与袖里加放缝份的方法如图6-3所示。

（3）西装挂面加放缝份的方法如图6-4所示。

（4）西装大小口袋零部件毛样板如图6-5所示。

（5）西装全衣里加放缝份的方法如图6-6所示。

（6）西装口袋的袋布毛裁法如图6-7所示。

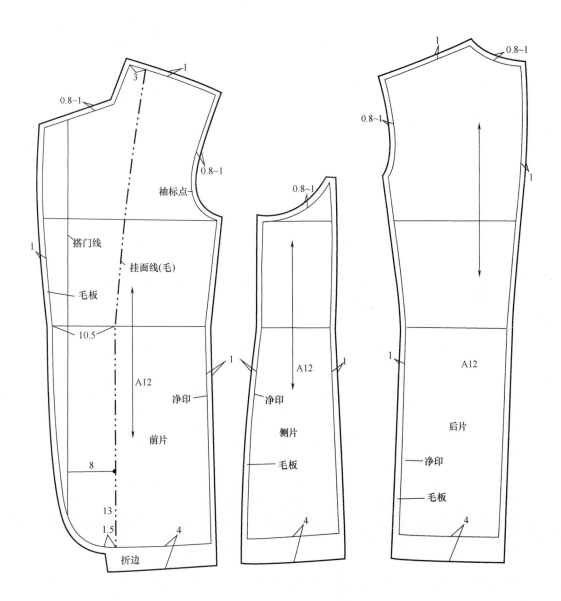

图6-2　西装衣面脱板及加放缝份

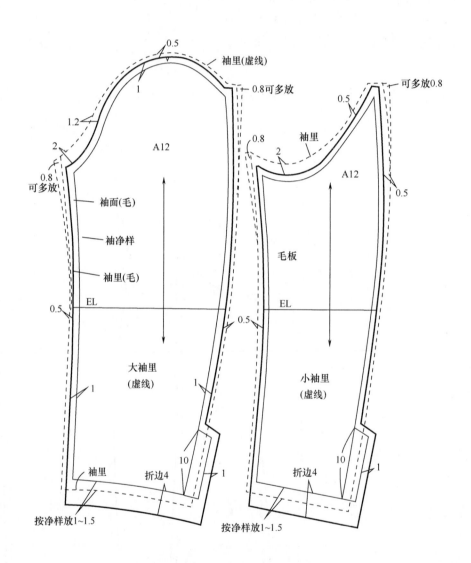

图6-3　西装大小袖面与袖里加放缝份的方法

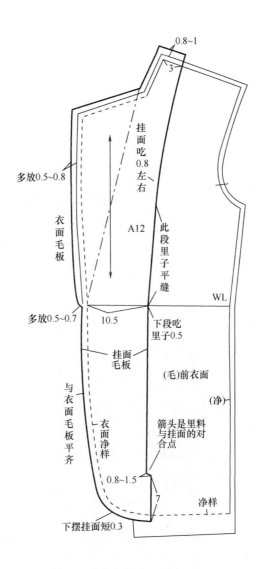

图6-4　西装挂面加放缝份的方法

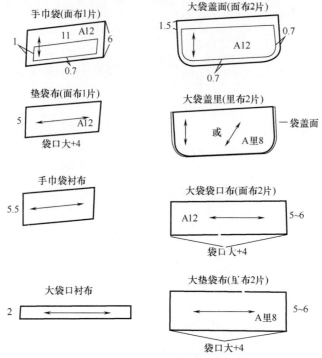

图6-5　西装大小口袋零部件毛样板

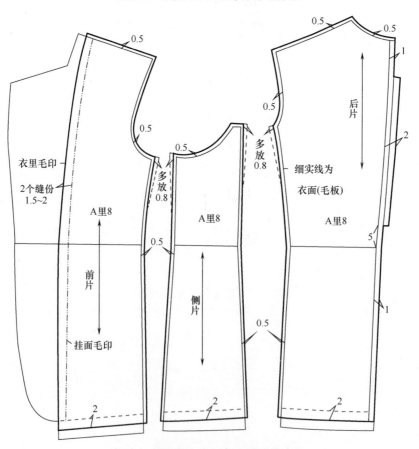

图6-6　男西装全衣里加放缝份的方法

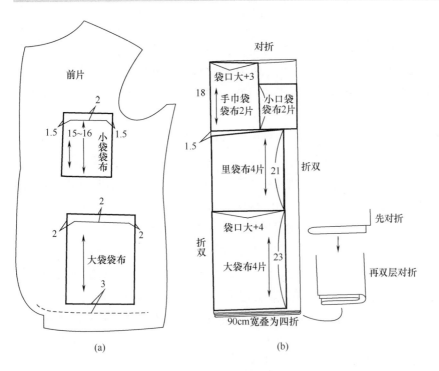

(a)　　　　　　　　　　(b)　　　　　　　　　　图6-7

（三）长裤净纸样加放缝份的方法（图6-8）

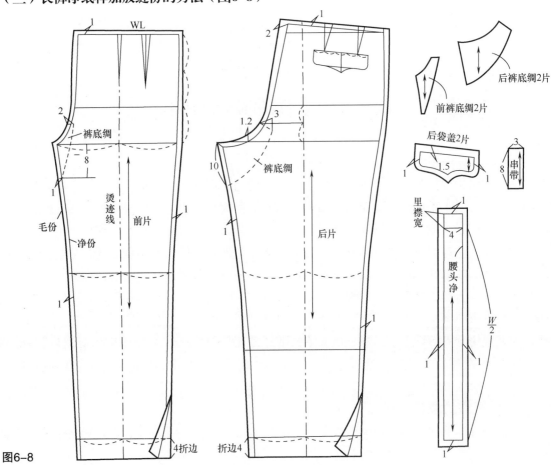

图6-8

三、工业纸样的制作

工业纸样主要用于批量生产，纸样要求完整规范，裁剪人员应按照纸样的形状、符号和数量去排料裁剪。因此工业纸样必须是毛粉纸样，而且是整身的完整制图。一套工业纸样包括面布纸样、里布纸样、衬布纸样和辅料（包括袋口布、袋布、垫袋、袖口衬、下摆衬等）纸样，部件纸样（领、袋盖）等，同时还应该准备好所有样板的净纸样，以备检查产品质量。要求它们之间不可随意代替。工业纸样的缝份（包括里外匀缝份）尺寸、组合关系的各项指标必须标准完善，在管理上可用编号、字母进行归类管理。例如：三个款式用A、B、C区别，分别确定各款面布纸样的数量为n，则各自编号为An、Bn、Cn。如男西装确定为A款，面布纸样的数量为12片，编号就是A$_{12}$。里布纸样的总数量为8片，则编号为A$_{里8}$，衬布纸样编号为A$_{衬3}$（领里、领面、前衣片三片），从而完成一套工业纸样的全部编号。

有些工业样板还要求标注必要的文字，主要有以下内容：产品名称、号型规格、样板名称和片数、样板的直纱方向、不对称款式需标注正、反面或左右等字样。如有进行颜色或面料搭配的款式，要在配料（色）的样本上注明"A配n"等字样。另外，还需要说明一下样板的直纱符号如何标注：直纱料将直纱符号"β"最好置于独立分片的中轴线上；正斜纱料则将"β"置于该中轴线成45°角的方向上。横料则将"β"置于该中轴线成90°角的方向上。排料时样板的纱向与面料的纱向应保持一致。

总之，经过脱板、添加和样衣修正等技术处理才能使结构性为主的纸样转化成服装工业生产中可依据的工艺和造型的标准，即工业纸样。最后将完成的各片纸样用打孔器打0.5cm直径的圆孔，用样板钩悬挂起来，不同款式的样板要分别排列，以方便使用及管理。

第三节　　纸样的复核与确认

一、净纸样结构设计效果的复核与确认

纸样的结构设计是否符合款式的造型效果，就是人们常说的"板型"如何。在规格和款式相同的条件下，不同设计师制板会出现不同的板型效果。中外纸样设计的实践证明，只有经过样衣制作，才能反复验证产品外形、内外结构造型、结构组合、号型规格、细部尺寸、材料性能及工艺标准等是否达到款式的设计要求，如果发现任何不满意之处，都要分析其原因并修正样衣和纸样结构，使其板型达到预期效果为止。被修正之前的纸样称为"头板"或"基础纸样"，修正之后的纸样称为"复板"或"标准纸样"。其形式可以是净纸样或毛纸样，应根据习惯确定，但通常以净纸样为主，有时裤子可采取毛粉纸样。也有净、毛混合纸样，主要应用于男传统上装。本书前五章的纸样都是基础纸样。本章列举的净纸样为基础纸样和标准纸样，以它们为基础再通过添加处理，并赋予一定的技术内涵，而成为工业纸样。

二、工业纸样的复核与确认

在确认标准纸样之后，还要通过以下各项技术指标的复核与确认，才能使纸样成为工业纸样。

（一）主要规格与细部尺寸的复核

1.主要规格

长度包括衣长、袖长、背长、腰节长、裤长、上裆长、下裆长等。围度主要是胸围、腰围、臀围等。宽度有总肩宽、胸宽、背宽、袖口、脚（裤）口等。裤口和袖口均为其围度的 $\frac{1}{2}$，可以称为裤口宽、袖口宽。

2.检查方法

使用没变形的软尺测定各衣片纸样的长度和宽度，再将有关围度的各部位数据相加，看其总量是否符合设计规格。

3.细部尺寸

细部尺寸指落肩、袖窿深、驳头高、领口宽度、腰吸势、分割缝、省缝、袋位、袋盖、纽扣等尺寸，需确认其占胸背宽或衣长、身高的比例是否协调美观，它们虽不直接影响服装的长短肥瘦，却对服装的舒适感和整体风格起着重要的作用。

4.复核要求

样板各部位的规格必须与设计规格相符合。样板上细部比例及尺寸应符合造型效果。

（二）缝份与折边的复核

工业纸样必须是毛样板，即在脱板后的净样板上加放出必要规范的缝份和折边。缝份大小不能千篇一律，要根据面料薄厚及质地疏密、服装部位、工艺档次等因素确定。薄、中、厚面料分别取0.8cm、1cm、1.5cm，质地疏松料可多加0.3cm左右。在缝合线弧度大的部位缝份可略窄，为0.8cm左右，如袖窿弯、大小裆弯、领口弯等部位。在直线缝合处的缝份可适当增加为1.2cm左右。高档服装由于耐穿一般在围度上放肥，如上衣侧缝、袖子后缝、裤子下裆缝和后裆缝等处多加放1～1.5cm，肩宽处也可多加放些。

以上所说的缝份是针对平缝工艺而言，而对于特殊缉缝方法却有另外要求，例如："来去缝"的缝份要取"0.4+（0.8～1）"cm，"包缝"的缝份：后片0.7～0.8cm，前片1.5～1.8cm。

折边也要根据服装不同的部位取相适应的缝份。下摆：衬衣2～2.5cm、上衣3～4cm、大衣4～5cm，袖口3～4cm，一般脚口为4cm，高档面料的脚口为4.5～5cm，短裤脚口3cm。开衩1.7cm左右，拉链开口处1.5cm，等等。

另外凡是有里外容的裁片角，如驳头挂面表层既要吐止口0.1～0.2cm（厚呢料吐份更大，为0.3～0.4cm），还要求面层有窝势。因此，面层比里层还要大0.3～0.7cm，袋盖面亦是如此。除此以外，袖里的加放缝份也较特殊，大、小袖里的袖山底部要比袖面多2cm，而袖山顶则多出0.5～1cm，前后袖缝多0.1～0.2cm，以上列举的不均匀地加放缝份是根据所在部位的特殊造型要求而确定的。

但通常要求缝份尽量整齐统一，如领口与袖窿等弧线部位取0.8cm，其他直线部位取1cm，如有放份再多加些。检查缝份时，除了使宽窄适度外，还应注重剪切线与净印平行，即保持某部位缝份宽窄一致，便于缝制。

（三）相关结构线的复核

相关结构线是指被缝合在一起的两个缝边，经过缝合而成为一体的结构线。这种缝合存在着长度和形态两方面的组合关系，处理好这种组合关系，对于满足服装各局部造型，达到整体造型协调起着重要的作用。

1.等长结构线的组合

服装的侧缝线、分割线通常要求平缝组合，其工艺要求组合处上下两层的缝边长度一致。而缝边形状主要有两种：一是形状相同，例如直筒身上衣的前后衣片侧缝线均为直线，裤子的前后侧缝线接近直线，或者前、后衣片侧缝线均为中腰凹进、臀部略凸出的曲线，男西装的侧缝线就是这种形状。二是形状互补，例如刀背分割缝为两片凹、凸形状互补，同时保持长度相等。

2.不等长结构线的组合

不等长结构线组合是出于局部塑形的需要而设计，可分为体型需要、装饰需要和造型需要。

（1）体型需要：

a.肩部的前凹后凸决定了前肩缝略短于后肩缝，由于前凹后凸，缝合时前肩缝拔0.2cm左右，后肩缝归缩0.7cm左右，缝合后两条边长应相等，这种结构线组合符合肩部造型要求。

b.圆装袖的大、小前袖缝，大袖略短于小袖0.3cm左右，缝合时拔直拔长大袖的袖肘部与小袖组合，符合手臂前肘部形态：大、小后袖缝则大袖长于小袖，缝合时大袖肘部归短与小袖组合，符合手臂后肘部形态。

c.合体圆装袖的袖山线长于袖窿弧线，袖山弧线归拢缩缝，袖窿弧线略归拢使二者组合，满足袖山圆弧丰满自然、肩、袖部稳健有力的造型要求。

（2）装饰需要：某些分割片需缝褶之后与另一片组合。

（3）造型需要：指服装部件的里外层需要窝型组合，俗称里外匀造型工艺。外层（面）略大于里（夹里）层，成品后达到窝服的效果。面比里通常大0.2~0.6cm，可根据面料薄厚及塑型性能决定。

综上所述，相关结构线组合应根据各种需要决定组合形式。组合形式主要包括平缝组合、吃势组合、拔开组合、吃拔组合及里外匀组合五种形式。各种形式的相关结构线组合之后，都会在边端出现第三条线。由于第三条线还需要与另一部件组合，或者形成底边，这就要求第三条线呈"平角"形态，不得有凸角或凹角，如果出现应及时修正，使外观平滑直顺美观。

（四）对位标记的复核

对位标记是确保服装造型质量所采取的有效措施，主要有两种形式：一种是缝合线对位标记，通常设在结构线的凹凸点、拐点和打褶范围的两端，主要起吻合点作用。例如：装领吻合点，设在后衣片领口中点和前衣片装领点处，分别与领下口的中点、前端点吻合；装袖吻合点，设在前袖窿拐点（凹点）和前袖山拐点（凹点）处，袖山顶点（凸点）与肩缝对位等。还有裤片侧缝的中裆线、袖片的袖肘线、衣片的中腰线也需要有对位标记。当缝合线较长时，也可用对位标记分段处理，以利于缝合线直顺。另一种用于纸样中间部位的定位，如省位、袋位、纽位等。对位标记通常用长方形刀口表示，其长度为3mm，不得过长。

（五）面料纱向的复核

纸样上标注的纱向与裁片纱向是一致的，它是根据服装款式造型效果确定的，不得擅自更改或遗漏。合理利用不同纱向的面、里、衬料，是实现服装的外观形态与工艺质量的关键因素。

1.纱向概念

经纱指某裁片的经纱长于纬纱和斜纱，纬纱指某裁片的纬纱长于经纱和斜纱，斜纱指某裁片的斜纱长于经纱和纬纱。

2.纱向性能

经纱（直纱）挺拔、垂直、强度大、不易抻长；斜纱富于弹性和悬垂性，尤其是正斜纱（与直纱、横纱成45°角）有很好的弹性；纬纱（横纱）性能介于经纱与斜纱之间，略有弹性，丰满自然。

3.纱向使用

服装强度要求大且有挺拔感的前后衣片、裤片、袖片、衬衫过肩、腰头、腰带、立领等，均采用直纱（经纱）；要求自然悬垂有动感的斜裙、大翻领以及格、条料裁片或滚条、荡条等均采用斜纱；对既要求有一定弹性又有一定强度的袋盖、领面均可采用横纱。对于有毛向面料，如丝绒、条绒、平绒等面料应注意毛向一致，可避免因折光方向不同产生色差。

（六）纸样总量的复核

复核纸样分为母板（一套标准板）与系列样板的复核。工业纸样包括面布纸样、里布纸样、衬布纸样和部件纸样（领、袋盖等）、零料纸样（袋布、局部衬等）、部件毛板和工艺净样板等。复核时要做到种类齐备、数量完整，并分类编号管理。

第七章 服装排料裁剪技术

第一节 排料与算料

一、排料

（一）排料工艺

在服装裁剪中，对衣料如何使用及用料多少所进行有计划的工艺操作称为排料。排料是技术性很强的工作，在排料之前必须对产品的设计要求和制作工艺了解清楚，对使用的材料性能及服装裁片特点等知识有所了解。

1.原料丝缕与裁片

梭织面料是由经纬纱向交织而成的，经纱、纬纱亦称直丝缕、横丝缕。经纬纱之间亦称斜丝缕，45°斜纱称正斜丝缕。直、横、斜丝缕可表现不同性能。为了使裁片符合款式造型效果，合理利用原料的丝缕是排料与裁剪过程中不可忽视的问题。直丝缕具有挺拔、不易抻长的特点，所以衣片、裤片、袖片、挂面、腰面、牵条、袋口嵌条等采用直丝缕。横丝缕略能抻长，在有胖势的部位表现得丰满、自然，所以领面、袋盖等部件采用横丝缕。斜丝缕具有弹性，正斜丝缕弹性最好，在弯度较大的部位使服装表现平服自然，所以滚边、领里等采用45°斜丝缕。总之，要根据原料不同的丝缕性能选择裁片的纱向，以适应服装立体造型的需要。每片服装样板包括零料样板均应标注纱向使用符号。

2.裁片丝缕允许范围

通常对裁片纱向的要求非常严格，如衣片、裤片等必须使用直纱，以确保产品挺拔的质量要求。但是，在批量生产中或裁剪较肥大的服装时，将样板排的稍斜点会省料。通常毛呢服装和有明显条格的面料丝缕不允许斜，而中、低档印花面料，在一定范围内允许有少量偏斜。裁片丝缕允许倾斜的角度可查国家标准。

3.衣料的使用方法

（1）认识衣料的正反面及衣片的对称性。

（2）面料的方向性：

①合理使用纱向。

②绒毛织物以顺毛为主。

③条格面料需区分顺向条、阴阳格。

④图案面料的花草树木、建筑物、动物等不可倒置。

（3）面料的色差。主要有边色差和段色差。采用的措施包括：

①相组合的部件靠同一边排列，零部件靠近大身排列。

②两个裁片缝合后条格吻合、对称。

③两个裁片相拼接后条格相互成一定角度。

④节约用料，在确保设计效果和满足制作工艺质量要求的前提下，尽量减少面料用量，降低成本。

（二）排料规律

在排料裁剪实践中，服装工艺师们总结了许多宝贵的经验和技巧，现总结出以下规律，这些规律主要是依据服装主件和部件样板的形状、大小及使用纱向等不同的个性，而巧妙地将它们相互穿插套排，从而达到省料的目的。

（1）双层重合，单层对称，丝缕正确，拼接互借合理，分割正确。

（2）顺序正确，先大后小，先主后副，先"面"后"里"，零部件插在空隙及剩余部分中排放。

（3）减少空隙，直对直、平对平、斜对斜、凸对凹、大对小、弯与弯相顺，紧密排料。

（4）缺口合并，使两片之间空隙增加，排放小样板。

（5）大小搭配，在套排时，应将大小不同规格或不同款式的样板相互搭配，统一摆排，使样板不同规格之间，不同款式之间，实现合理用料。

（三）排料的基本要领

1.排料之前应掌握的要点

服装成品规格；用料计算或定额；面料或辅料的幅宽及长度；款式；色差、疵点分布；拼接部位及范围；允斜程度；条格处理方式等问题都要了如指掌。

用于排料的样板有净样和毛样之分，批量生产必须用毛样板，单件加工净毛均可，使用净板时不要忘记加折边和缝份。

2.双层对折排料方式

双层对折排料是指面料双层对折叠合排料的方法，该方法具有省时、省料的特点。但在实验应用中需注意款式必须左右对称。双层对白排料有长度对折（纬向对折）、门幅对折（经向对折）和斜度对折三种方法。

3.单层排料方式

单层排料方法适合于任何织物的面料，同时，也不受服装款式左右不对称的影响。其具体排料方法可根据不同的面料及款式灵活对待。单层排料有对称排料、不对称排料和其他排料。

4.定位

下摆部位一般都宽大平直，多定位于布口左右的边缘，裤腰多定位于布口处，可提高布料利用率。

二、算料

衣料的用量由服装款式、规格及衣料幅宽、实际排料情况等因素决定，并参考算料计算公式而确定。人们通过长期排料与算料的生产实践，对"服装计算用料"摸索并积累了许多经验，并整理出计算公式，以方便应用。由于方法不同使用料数量也各有差异，如何最大程度提高面料利用率是值得探讨的问题。由于服装款式繁多，号型规格复杂，衣料幅宽各异，因此在应用排料计算公式时不能生搬硬套，应周密考虑各种因素再参考公式进行适当的增减，或经过反复摆排确定最佳方案。

基本的面料计算方法有两种：

（1）以"衣长的几倍"（多指单幅）作长度计算公式。例如：用单幅面料，幅宽113cm时，用料为衣长的2倍，这种方法适合短袖衬衫算料，胸围的适用范围在110cm之内；如胸围超过此标准，每超出3cm，另加料3~5cm。用料计算公式可简写成：衣长×2，并附以超出标准的说明即可，见表7-1男装算料参考表。

（2）以"衣长加袖长"（多指双幅）作为面料长度计算公式。例如：单排扣西服使用双幅面料长度时，用料为"衣长+袖长+（12~14）cm"，胸围每增大3~4cm面料长度增加3cm。表7-1列举了常用款式的男装算料方法，仅供参考。

表7-1　男装算料参考表　　　　　　　　　　单位：cm

品种	适用最大围度标准	算料公式		▲用料数量		
		幅宽113	幅宽72（双幅）	大号	中号	小号
短袖衬衫	110	衣长×2 胸围每大3，另加料3	幅度90 衣长×2+袖长 胸围增大3~4，加5	高180	175	170
长袖衬衫（有复肩、硬领）	110	衣长×2+27 胸围每大3，另加料5（大：▲189，中：▲180，小：▲171）	幅宽90 衣长×2+袖长 胸围增大3~4，加（5~7）	衣长76	74	72
				胸围117	113	110
				袖长65	63	61
单排扣西装	110		衣长+袖长+（12~13） 胸围增大3~4，加3	衣长78	76	74
				胸围116	112	108
				袖长62	60	58
				▲158	148	144
双排扣西服	110		①衣长×2+3 ②衣长+袖长+(20~25) 胸围增大3~4,加3			
西服(单)、背心	93		衣长+5（两件前片套裁）			
西服、背心两件套	07~110		裤长+衣长+袖长10 胸围增大3~4，加7			
西服、背心长裤三件套	107~110		衣长×2+裤长+30 胸围增大3~4，另加6			
男长裤	臀围107	（裤长+10）×4=三条裤子	裤子+6（4~6）：无卷脚 有卷脚：增4,臀围超于116时，每超出3，加6	裤长110	106	102
				臀围116	112	108

续表

品种	适用最大围度标准	算料公式		▲用料数量		
		幅宽113	幅宽72（双幅）	大号	中号	小号
男短裤	臀围107		无卷脚 裤长+6			
短大衣	120		衣长+袖长+30 胸围增大3～4，加10 无倒顺料或挖袋，减4			
中、长大衣（双排、驳领）	120		①衣长×2+10 胸围增大3～4，另加5 ②衣长+袖长+28			
中、长大衣（单排、驳领）	120		衣长+袖长+27 胸围增大3～4，另加10	衣长120	114	108
				袖长65	63	61
				胸围120	116	112

三、排料实例

（一）西装单件排料

1.单排扣挖袋西装

幅宽：72cm×2（双幅）；规格：胸围106～110cm。

用料：衣长+袖长+10cm。

排料图如图7-1所示。

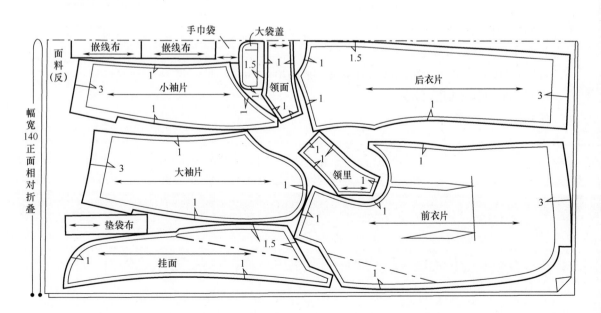

图7-1

2.单排扣贴袋西装

幅宽：72cm×2（双幅）；规格：胸围104～107cm。

用料：衣长+袖长+14cm。

排料图如图7-2所示。

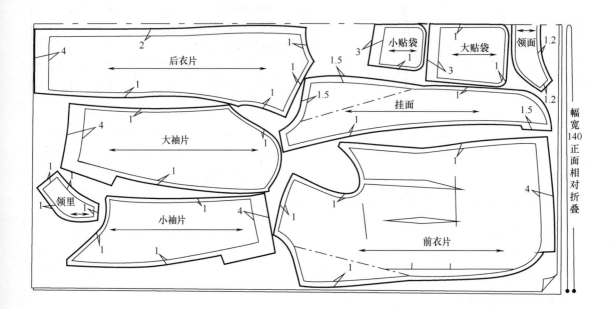

图7-2

（二）西装两件套排料

1.短袖猎装、西长裤套装

幅宽：90cm；规格：胸围100～104cm，腰围70～73cm。

用料：2衣长+2裤长+17cm。

排料图如图7-3所示。

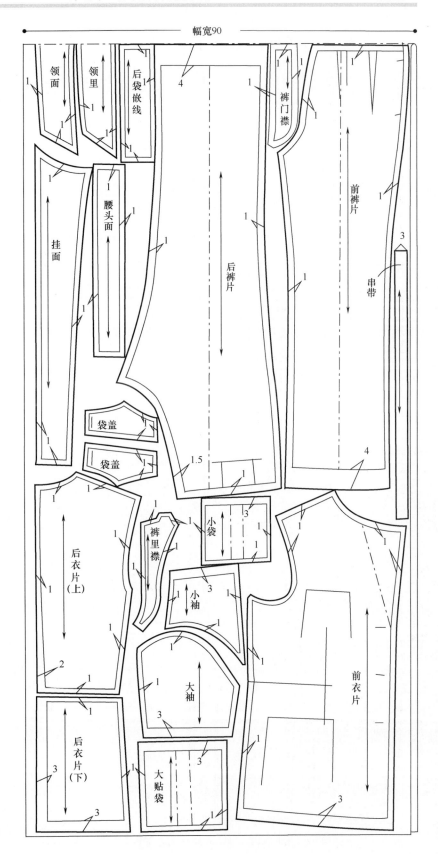

幅宽90

领面　领里　后袋嵌线

4

裤门襟

1

前裤片

挂面

腰头面

1

后裤片

串带

3

袋盖

袋盖

1.5

小袋

3

裤里襟

后衣片（上）

小袋

3

小袖

3

前衣片

大袖

3

2

后衣片（下）

大贴袋

3

图7-3

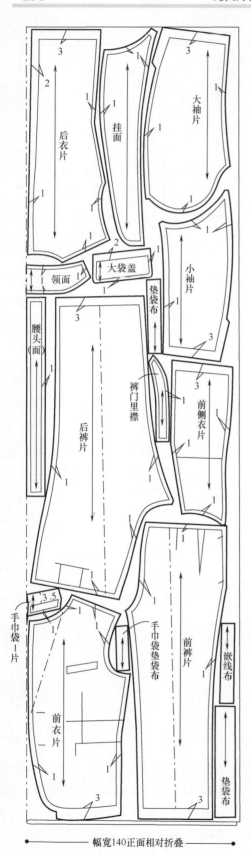

幅宽140正面相对折叠　　　　**图7-4**

2.单排扣西装、长西裤两件套

幅宽：72cm×2（双幅）；规格：胸围120～127cm，腰围93～100cm。

用料：2裤长+衣长。

排料图如图7-4所示。

3.单排扣西装、长西裤两件套

幅宽：72cm×2（双幅）；规格：胸围102～105cm，腰围：76～82cm。

用料：裤长+衣长+袖长+10cm。

排料图如图7-5所示。

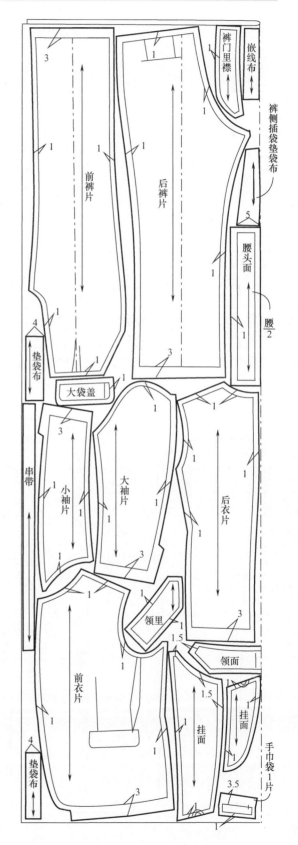

图7-5

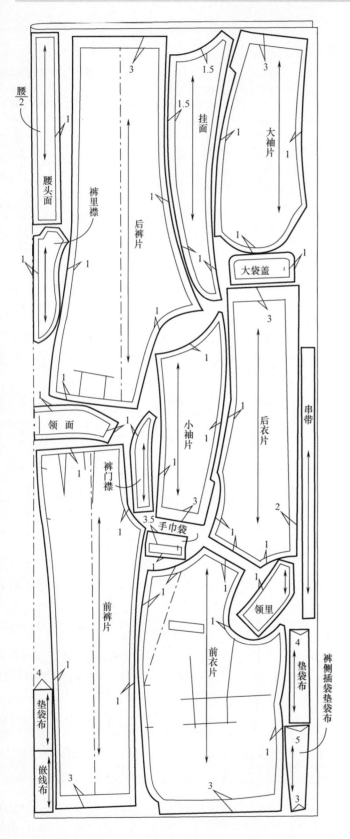

4.单排扣西装、长西裤两件套

幅宽：72cm×2（双幅）；

规格：胸围100～103cm，腰围70～74cm。

用料：裤长+衣长+袖长

排料图如图7-6所示。

图7-6

5.单排扣西装、长西裤两件套

幅宽：72cm×2（双幅）；规格：胸围107～110cm，腰围77～80cm。

用料：裤长+衣长+袖长+20cm。

排料图如图7-7所示。

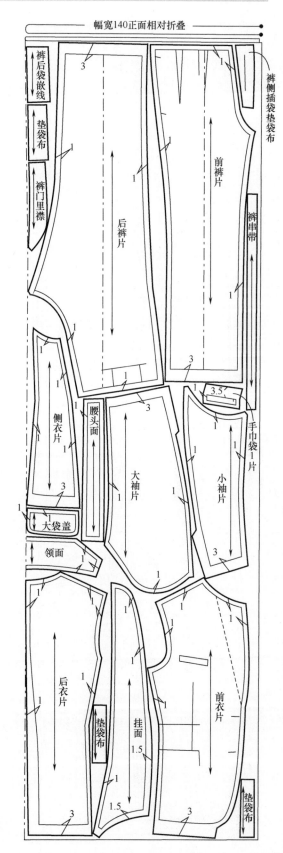

图7-7

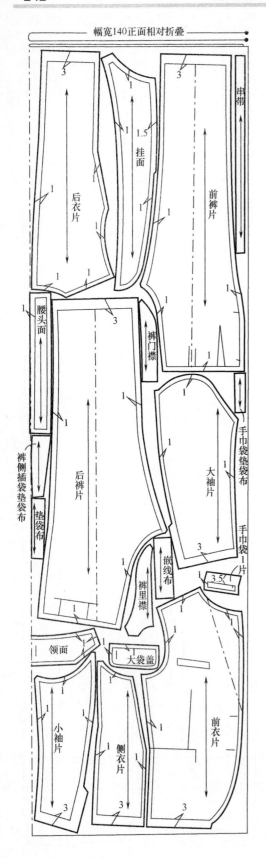

幅宽140正面相对折叠

图7-8

6.单排扣西装、长西裤两件套

幅宽：72cm×2（双幅）；规格：胸围113～117cm，腰围83～87cm。

用料：裤长+衣长+袖长+30cm。

排料图如图7-8所示。

（三）西装三件套排料

1.单排扣西装、背心、长西裤三件套

幅宽：72cm×2（双幅）；规格：胸围

103~107cm，腰围73~77cm。

用料：2衣长+裤长+20cm，裤子做翻裤

脚另加料7cm。

排料图如图7-9所示。

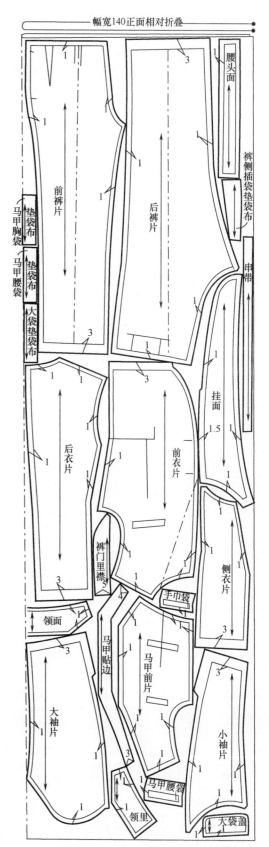

图7-9

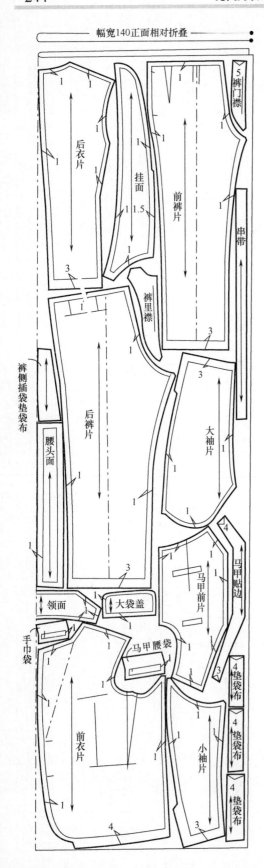

幅宽140正面相对折叠

5 裤门襟

后衣片

挂面

1.5

前裤片

串带

裤里襟

裤侧插袋垫袋布

后裤片

大袖片

腰头面

3

马甲贴边

领面

大袋盖

马甲前片

手巾袋

马甲腰袋

4 垫袋布

前衣片

小袖片

4 垫袋布

4 垫袋布

图7-10

2.单排扣西装、背心、长西裤三件套

幅宽：72cm×2（双幅）；规格：胸围110～117cm，腰围80～87cm。

用料：2衣长+裤长+30cm，翻裤脚另加料7cm。

排料图如图7-10所示。

3.单排扣西装、背心、长西裤三件套

幅宽：72cm×2（双幅）；规格：胸围
120～123cm，腰围93～97cm。

用料：2裤长+衣长+17cm，翻裤脚另加
料7cm。

排料图如图7-11所示。

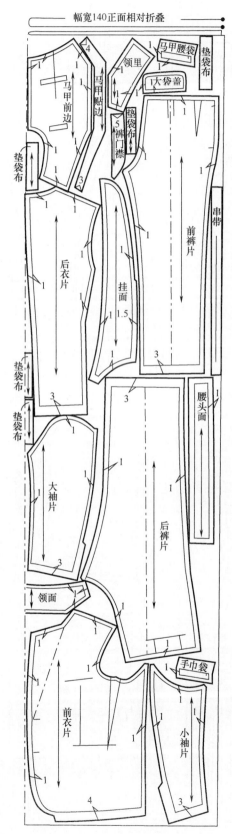

幅宽140正面相对折叠

马甲腰袋　垫袋布

领里

马甲前边　马甲贴边　大袋盖

垫袋布

垫袋布　5 裤门襟

串带

后衣片　前裤片

挂面

1 1.5

垫袋布

腰头面

垫袋布

大袖片　后裤片

领面

手巾袋

前衣片　小袖片

图7-11

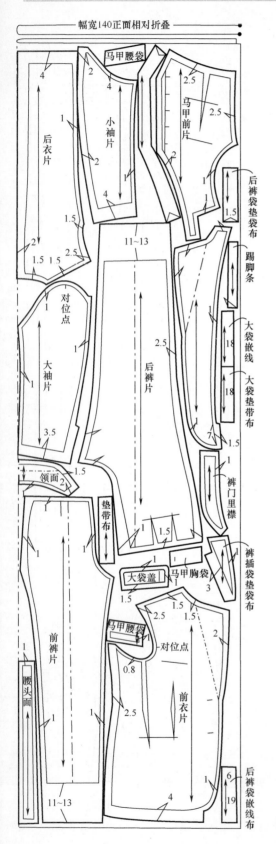

图7-12

4.单排扣西装、背心、长西裤三件套

幅宽：72cm×2（双幅）；规格：胸围102~106cm，腰围72~76cm。

用料：衣长+裤长+袖长+（10~20）cm。

排料图如图7-12所示。

5.凸腹体型单排扣西装、背心、长西裤

三件套

幅宽：72cm×2（双幅）；规格：胸围118～128cm，腰围92～100cm。

用料：2衣长+裤长+（45～75）cm。

排料图如图7-13所示。

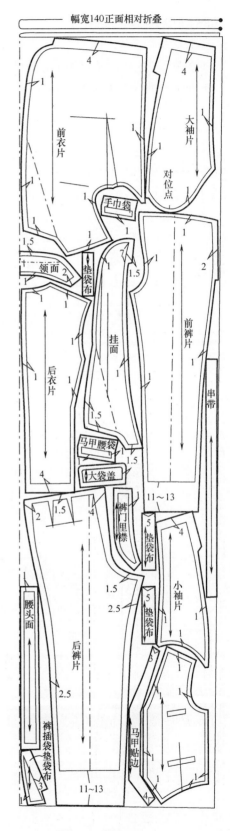

图7-13

（四）插肩袖大衣排料

1.翻领插肩袖大衣

幅宽：72cm×2（双幅）；规格：胸围106~118cm，用料：2×衣长+（8~10）cm。

排料图如图7-14所示。

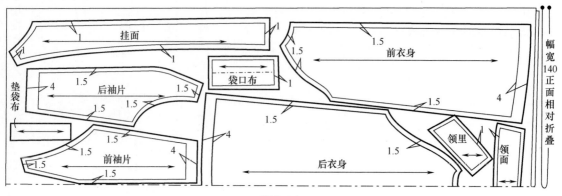

图7-14

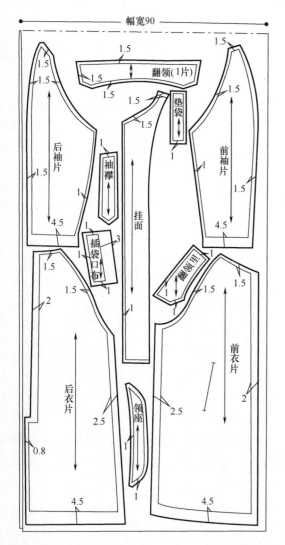

2.领座式翻领插肩袖大衣

幅宽：90cm（单幅）；规格：胸围120~130cm。

用料：2×（衣长+袖长）+（50~60）cm。

排料图如图7-15所示。

图7-15

（五）西装衣里排料

幅宽：70cm（双幅）；规格：胸围104～108cm。

用料：衣长+袖长+（5～7）cm。

排料图如图7-16所示。

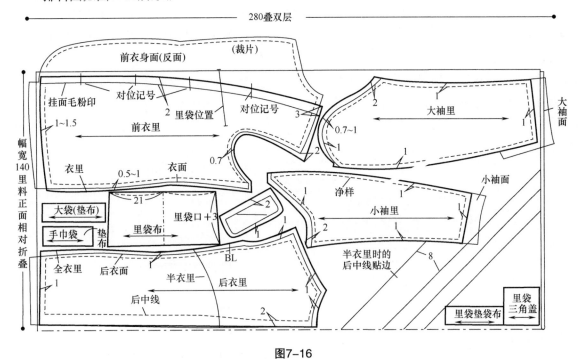

图7-16

第二节　裁剪工艺

　　裁剪工艺是继净粉纸样设计之后，缝制工艺之前的重要工程，它的任务是依据服装净纸样（亦称结构图）的结构设计意图，分解为可供缝制用的面、里、衬（衣、裤等）的毛样板，最后按照一定的要求将布料剪切成裁片，供缝制加工成服装。

　　裁剪工艺可分为单件裁剪和批量裁剪两种形式，批量裁剪亦称工业裁剪。单件裁剪是根据测量体型及服装造型效果要求所设计的成品规格、细部比例等条件进行的纸样设计活动，熟练者可在布料上边构思边制图、排料和裁剪，这种"直接裁剪"（包括制图、排料算料）操作方法通常适合定型服装，如裤子、衬衫、背心、西装等款式。这种直裁技术是否得心应手，运用自如也是衡量技师水平高低的标准。但在款式或体型复杂的条件下则应事先打好样板，反复斟酌后才能裁剪。单件裁剪具有灵活性强、操作简便、满足个性化要求等优点，但较费工时，较浪费原材料，因此，成本较高。

一、批量裁剪工艺

　　批量裁剪，即一次性就可裁剪出多件服装样片的裁剪方法，该方法适用于成衣生产。

相对于单件裁剪成本较低，低廉的价格使得许多人乐于购买成衣。批量裁剪根据生产条件，采用较先进的专用设备和工具，按照流水作业的方式，将整个裁剪工程分为若干道工序，每道工序都配备相适应的技术人员来完成任务。批量裁剪由于采用了机械化设备和流水作业方式，而具有高效率、节约原材料、确保产品质量、降低产品成本及高级时装成衣化等优点。

不论哪种裁剪（包括制板）方法，都是服装加工过程中的关键性工序，其质量优劣直接制约着产品质量和生产效益。因此，在裁剪工作中应严格遵守裁剪工序要求和质量标准，确保裁片质量。

批量裁剪是复杂的工序，本节只介绍批量裁剪工艺流程图，它能适应多数款式的产品批量裁剪。批量裁剪工艺流程图如图7-17所示。

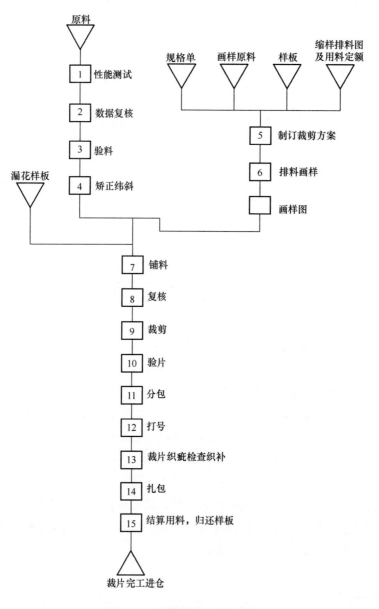

图7-17 批量裁剪工艺流程图

二、单件裁剪工艺

单件裁剪由于可以更好地满足人们对个性化服饰美的需求，因此任何时候这种服装加工形式都不会取消。与批量裁剪相比，单件裁剪工艺程序较为简单，可选取面料则更为丰富多样，所以对各种必要的工艺性质量提出了更高的要求。

（一）裁剪之前对服装纸样的要求

对于特殊体型或者款式复杂的服装须经假缝试穿和补正纸样之后再使用。

有的纸样（或样板）使用次数较多之后，可能出现褶皱或变形，要熨平并检查是否仍符合原造型效果，经修正之后再使用。

（二）对纸样结构的工艺性要求

（1）对省缝、分割线的要求：夏季布料和丝绸类布料较薄，为了保持衣面光洁美观，应慎重考虑省的位置、大小，避免缉线以后不满意反复拆缝。另外，丝绸类衣服尽量不设置分割线或缉明线，对两种以上面料镶拼的款式，一定要确保接缝处平复。

（2）对规格的要求：为了使服装造型及细部都符合预期效果，在裁剪之前应仔细检查核对纸样的成品规格及细部比例、尺寸，如能通过假缝试穿及修正的方法就更理想了。总之，将影响服装造型的不利因素消除在萌芽状态。

（3）对位标记的要求：检查纸样的对位标记是否齐全、准确。上装在装领点、前中心点、驳领止点、领折线、衣身袖标点、省位、袖子的前/后袖标点和袖顶点、扣位、袋位、折边线等处都有刀眼或孔洞，以方便裁片间的缝合对位。

（4）裁片之间相关结构线和相关裁片角的要求：相关结构线是指缝合的两条缝边，一般要求长度相等或工艺性（归或拔）长度相等；相关裁片角一般要求两裁片角之和等于180°（平角）或接近平角，然后检验接缝边缘是否光滑圆顺。

（5）对面料纱向的要求：面料纱向的正确使用对于服装造型至关重要，因此要求纸样上必须标注正确的纱向符号，不论是主件还是零部件，甚至袋布的纱向也不可漏标。各片纸样的纱向使用必须符合服装造型效果。

（6）对缝份和折边的要求：虽然单件裁剪对纸样是否带有缝份的要求不是苛刻的（净纸样照样能用于裁剪），但裁剪时的确存在缝份，所以必须有规范的要求。为了整齐统一，通常将各部位都设置1cm缝份或略有增减，这些要求对于生产纸样同样适用。另外，对高档服装通常还在正常缝份之外再多加些放份，以备加肥时用，另外，对有"里外容"（由服装部件或部位的外层与里层的松紧关系，而形成的窝势形态被称为里外容。）关系的双层部件或部位，除了正常的缝份之外，还需根据面料薄厚另加面止口外吐份（0.3~0.7cm）与面层窝势份之和（图6-4）。

（三）对裁剪台的要求

为了防止面料滑动，应在坚硬的台板上铺几层粗棉布，有条件的在一层厚棉布下面铺毛毡更佳。

（四）对衣料质量的要求

（1）裁剪前对某些面料进行预缩和矫正纬斜、纬弯等处理，可避免服装制成后变形。

（2）检查衣料的幅宽及长度，看其是否够用；然后检查是否有色差、疵点、油污等现象，用划粉或缝线圈住，便于排料时避开或排在次要部位。

（3）检查面、里、衬料的布边，看其是否紧缩，如果有该现象，则剪掉布边或每隔一段剪一个直刀口，使其充分展开。布边有色差的应剪掉，或排不重要的里料。

（五）对铺料的要求

对铺料的要求（条格对准，倒顺毛一致等）及根据省料原则决定铺单层、双层、顺向铺、来回铺。折印处通常为经纱，上下层要平伏，不得松紧不一，不平伏时要轻轻抖动或用两手拍动送风，使两层布料平贴。千万不可用手抹，这样上层平伏，而下层宽松。

（六）对纸样排料画样的要求

（1）排料的原则。纱向正确，紧密排料，减少空隙。先排主件后排零部件、不可漏排，驳头、领面、袋盖面不许拼接，在布料不足时挂面可在第一扣眼以下3cm处拼接一片。

（2）为了省料，裁剪中低档服装或非正统服装时，可采取临时处理纸样的方法，有"借裁法"，如两片式圆装袖的大袖后袖缝可借小袖3cm左右，使小袖长度缩短；前后衣片侧缝可以互借，甚至可以临时增设分割线，由于裁片缩小而使排料更加紧密，但要以不破坏整体美观为前提。裤子的大小裆可互借，小裆可借大裆1.5cm左右，等等。有"拼接法"，在隐蔽次要的部位适当进行小面积的拼接，如裤子大裆尖处，一片袖后袖的袖尖角处，袋盖里、领里、衬衫的过肩里等可拼接一片。

（3）如果用净纸样排料，特体服装、高档服装、时装或童装等，除了预留正常缝份外还要多留些放份，以备放肥使用。

（4）排料时可根据以上要求粗略地摆排，经调整满意后，再用大头针将纸样别在布反面，或用重物压住纸样划粉线。

（5）画线的粉片宜选择优质浅色的，可不污染衣料，不要用油笔、铅笔。使用净样板时可先描净印线，再按各部位对缝份的要求画出毛粉线（裁剪线），而熟练者则可边放缝份、边裁剪。如使用毛样板，则按样板轮廓线描出后即可裁剪。在对位记号处（袖标点、中腰点、膝围点等关键处）可画粉线一道，目的是裁剪后打线丁，这比剪切口要更加实用。

（七）对裁剪技术的要求

（1）使剪刀垂直于布面进行剪切，在缝份转弯处剪刀尖要慢慢剪切，以保持缝份准确。

（2）裁剪绒类和条格面料，最好一片一片地剪切，避免参差不齐。

（3）易损边面料应及时用锁边机锁边或粘薄浆固定，薄料一般采取两层缝制后锁边，如果衬衫可边缝制边锁边。

参考文献

［1］中屋典子，三吉满智子.服装造型学技术篇Ⅲ（礼服篇）［M］.刘美华，金鲜英，金玉顺，译.北京：中国纺织出版社，2007.

［2］史美泰，季耀兴.裁剪精密排料法［M］.上海：上海文化出版社，1989.

［3］韩滨颖，李桂荣，高岩.现代服装纸样设计［M］.北京：中国纺织出版社，2001.

［4］日本文化服装学院，文化女子大学.日本文化服装讲座　男装篇（5）［M］.北京：中国展望出版社，1981.

［5］刘瑞璞.服装纸样设计原理与应用　男装编［M］.北京：中国纺织出版社，2008.

［6］刘瑞璞.男装纸样设计原理与技巧［M］.北京：中国纺织出版，2004.

中国国际贸易促进委员会纺织行业分会

　　中国国际贸易促进委员会纺织行业分会成立于1988年，成立以来，致力于促进中国和世界各国（地区）纺织服装业的贸易往来和经济技术合作，立足为纺织行业服务，为企业服务，以我们高质量的工作促进纺织行业的不断发展。

简况

每年举办（或参与）约20个国际展览会
涵盖纺织服装完整产业链，在中国北京、上海和美国、欧洲、俄罗斯、东南亚、日本等地举办
广泛的国际联络网
与全球近百家纺织服装界的协会和贸易商会保持联络
业内外会员单位2000多家
涵盖纺织服装全行业，以外向型企业为主
纺织贸促网 www.ccpittex.com
中英文，内容专业、全面，与几十家业内外网络链接
《纺织贸促》月刊
已创刊十八年，内容以经贸信息、协助企业开拓市场为主线
中国纺织法律服务网 www.cntextilelaw.com
专业、高质量的服务

业务项目概览

中国国际纺织机械展览会暨ITMA亚洲展览会（每两年一届）
中国国际纺织面料及辅料博览会（每年分春夏、秋冬两届，分别在北京、上海举办）
中国国际家用纺织品及辅料博览会（每年分春夏、秋冬两届，均在上海举办）
中国国际服装服饰博览会（每年举办一届）
中国国际产业用纺织品及非织造布展览会（每两年一届，逢双数年举办）
中国国际纺织纱线展览会（每年分春夏、秋冬两届，分别在北京、上海举办）
中国国际针织博览会（每年举办一届）
深圳国际纺织面料及辅料博览会（每年举办一届）
美国TEXWORLD服装面料展（TEXWORLD USA）暨中国纺织品服装贸易展览会（面料）（每年7月在美国纽约举办）
纽约国际服装采购展（APP）暨中国纺织品服装贸易展览会（服装）（每年7月在美国纽约举办）
纽约国际家纺展（HTFSE）暨中国纺织品服装贸易展览会（家纺）（每年7月在美国纽约举办）
中国纺织品服装贸易展览会（巴黎）（每年9月在巴黎举办）
组织中国服装企业到美国、日本、欧洲及亚洲等其他地区参加各种展览会
组织纺织服装行业的各种国际会议、研讨会
纺织服装业国际贸易和投资环境研究、信息咨询服务
纺织服装业法律服务

更多相关信息请点击纺织贸促网 www.ccpittex.com